应用心理学实操讲义

王极盛 著

中国石化出版社
·北京·

图书在版编目（CIP）数据

应用心理学实操讲义 / 王极盛著 . — 北京：中国石化出版社，2023.12（2025.6重印）
ISBN 978-7-5114-7352-3

Ⅰ. ①应… Ⅱ. ①王… Ⅲ. ①应用心理学 Ⅳ. ① B849

中国国家版本馆 CIP 数据核字（2023）第 222120 号

中国石化出版社出版发行
地址：北京市东城区安定门外大街 58 号
邮编：100011　电话：（010）57512500
发行部电话：（010）57512575
http：//www.sinopec-press.com
E-mail：press@sinopec.com
宝蕾元仁浩（天津）印刷有限公司印刷
全国各地新华书店经销
*
710 毫米 ×1000 毫米 16 开本 12.75 印张 220 千字
2023 年 12 月第 1 版　2025 年 6 月第 2 次印刷
定价：58.00 元

心理学界的多能专家 交叉学界的多产学者

中国“百年百位”心理学家大讲堂主持语

各位同人、各位同学：

春风送暖，万物复苏。中国“百年百位”心理学家大讲堂迎来了第二十二讲。主讲人是王极盛先生。王极盛先生是中国心理学界的多能专家，也是交叉学界的多产学者。王极盛先生身体康健，精神矍铄，虽已八十六岁高龄，仍坚持要自己讲。还带来了如此精彩的演讲！十分钦佩先生的学术造诣！

先生具有执着的学术追求。这种追求体现在他漫长的学术生涯中。不仅在顺境中如此，在逆境中也如此。他从北大毕业以后，就来到中国心理学的学术殿堂——中国科学院心理研究所工作。先生是中医心理学的奠基者和先行者，是用实验法研究针刺与气功的第一人。1965—1979 年，他所做的国家重大研究课题——针刺麻醉原理的心理学研究，分别获中国科学院 1973 年、1976 年、1979 年的重大成果奖。1979 年，先生在《心理学报》第 1 期撰文《某些心理因素在针刺麻醉临床原理中的地位和作用》；1980 年，先生在《心理学报》第 4 期撰文《针刺对两点辨别觉的作用》。他还在《针刺研究》《医学与哲学》《中国针灸》上发表文章，揭示针灸镇痛、针灸麻醉和气功的心理机制。先生后期十分关注心理健康问题，是中国健康心理学的奠基者。1982—1983 年，他连续在《医学与哲学》上撰文 12 讲，分别是《心理与疾病》《心理诊断与心理治疗》《暗示与催眠》《心理健康与心理卫生》《心理与疼痛》《环境心理与疾病和健康》《需要、嗜好与身心健康》《睡梦心理与健康》《儿童心理与身心发展》《青年心理与身心健康》《妇女心理与身心健康》《老年心理与长寿》，基本上构建起了我国健康心理学的理论体系，涉及领域包括青少年的心理健康、老年人的心理健康、妇女的心理健康以及各行各业的职场人的心理健康。先生的这种精神值得学习。

先生具有深厚的理论功底。20世纪70年代末，先生在《哲学研究》《心理学报》连续发表了3篇文章，分别是《何为文艺的形象思维》(《哲学研究》1978年第12期)、《试论我国心理学的发展道路》(《哲学研究》1979年第12期）以及《我国心理学现代化的基本理论观点和方法论》(《心理学报》1980年第1期)。众所周知，《哲学研究》是哲学界的权威杂志，在学术界地位甚高。虽然心理学从哲学中脱胎出来，但中国心理学家在《哲学研究》上发文很少。对中国心理学的发展道路，先生认为应该力保心理学是一门科学，贯彻百家争鸣的方针，吸取心理学灾难的教训，突破心理学研究的禁区，加强心理学方法论研究，建立中国特色心理学理论体系，开展社会心理学研究，加强马克思主义哲学对心理学的指导。他还在《光明日报》《心理科学》《心理学探新》上撰文，就心理学的发展偏向、我国心理学的方法论进行专题讨论，这在当时是非常具有前瞻性、非常有见地的见解，相关论文发表后振聋发聩，在国内引起了强烈反响，推动了中国心理学的健康发展。

先生具有炽热的家国情怀。将心理学知识应用于中国现代化建设，是先生学术研究的动力。改革开放以后，高考恢复并成为国家选拔人才的重要途径。中国素有重视教育的传统，“万般皆下品，唯有读书高”是社会的共识，历年高考都出现“千军万马走独木桥”的局面，为中国现代化建设输送了大批人才，成为改革开放后的重大红利之一。考上大学，是无数学子和家长梦寐以求的心愿。先生准确地把握了这一时代脉搏，深刻地体味到民众的需求，热情地投身到高考研究中。在改革开放后的中国，中国心理学界对高考研究贡献最大的有两个人：一是我的恩师——张厚粲先生，她致力于将科学的心理测量学原理运用于高考，建功于国家，福泽于后人；二是王极盛先生，他的高考研究蜚声于社会，周知于千家万户。他们的高考研究指向不同，一个是从国家的角度出发，研究如何使考试更客观、更科学、更公平、更公正，一个是从考生的角度出发，研究考生如何在高考中充分发挥自己的实力，考出好成绩。为此，先生访谈了400多名省级高考状元，对数千名考生进行了调查研究，接受了数千名考生与家长的咨询，从而掌握了大量的第一手资料，总结出高考成功的规律。他出版的高考心理学相关著作达30余部，在社会上产生了广泛的影响，给全国的众多考生和家长提供了巨大的帮助，使无数考生能够充分地展示自己的真才实学，真正做到人尽其才，功莫大焉。他曾经在央视10套科教频道连续14天主讲高考讲座。中央电视台等数百家媒体报道过先生的高考研究成果。仅中央电视台采访及邀请其作为嘉宾就达100多次。

先生具有广阔的学术视野。先生学贯中西，通古晓今，其知识横跨哲学、心理学、医学、管理学、文学。先生于1983年出版了我国第一本《青年心理学》，两年间该书的印数就达84.9万册；1986年，先生出版的《科学创造心理学》受到了车文博先生的高度评价——“开辟了我国心理学研究的一个新领域，不仅具有重要的学术价值，而且也具有很高的应用价值”。先生成为我国科学创造心理学研究的先驱者。1987年，先生出版了《人事心理学》，该书获得了“中国科学院科技进步二等奖”。先生对气功也有独到的研究，发表了几十篇有关气功的论文，揭示了蕴含在气功之中的心理学原理，并且出版了《中国气功心理学》。这是对中国传统气功科学化研究的首次尝试。先生还出版了《当代管理心理学》《妇女心理学》等专著，对相关学术领域做出了开创性贡献。在中国学术界，梁启超与胡适曾因为开创了中国众多的学术领域而闻名遐迩；在中国心理学界，荆其诚与张厚粲两位先生联袂将认知心理学引入中国，开辟了改革开放后中国心理学研究的新时代。先生在心理学研究领域的贡献也起到了开创性作用。

先生是中国心理学的科普大师。先生是改革开放后四十余年间将心理学从象牙塔中移出的第一人，是中国心理学界的科普第一人。他发表科普文章350余篇，在政府机关、事业单位、大专院校、群众团体举办学术讲座和科普讲座近1000场。先生在国内各大报刊和各家电视台撰文介绍心理学。先生致力于为社会普及心理学知识，使心理学走向了政府和大众，提升了心理学的声誉，使心理学成为民众和青少年最喜欢的学科之一。事实上，发展科学本身就有提高和普及的区别，提高是小众事业，普及是大众事业。科学普及在开启民智、提高民众素质方面有着十分重要的作用。中国心理学研究经历了曲折发展，在改革开放后，才得以恢复。但大众对心理学还有许多迷信和糊涂认识，依然有人认为心理学还很神秘，认为心理学就是心灵学，心理学家就是算命先生，心理学家懂读心术。先生的工作就是使民众知道心理学是什么，心理学家是什么样的人，心理学在做什么、如何做，心理学对人才培养、经济发展、社会和谐、心理健康有什么作用，这些努力无疑增进了人们对心理学的了解，促进了心理学的发展和应用。

总之，先生为心理学工作了六十多年，他勤奋、自信、执着、创新，活到老，学到老。他身上体现了五个结合，一是基础研究与应用研究相结合；二是科学研究与科学普及相结合，既作又述；三是理论思维与实证研究相结合，先生既长于思辨，又擅长实验；四是心理学与其他学科相结合，先生是一位跨学科学者；五是中西文化相结合，针灸、麻醉、气功均是中国的国粹，先生用西方的科学实证方法研究它们。先生的许多经验值得我们借鉴，如“心理咨询不仅是一门科学，还是一门艺术”“社会需要是科学研究的动力”“应该加强人工智能的心理学研究”“心理学发展离不开当时社会历史条件”“心理学发展需要心理学的战略家和推广家”“学术批评是创新的动力”，等等。这些看法都非常具有创新性，对广大青年学子有重要启发。先生以自己对心理学的特殊贡献在中国心理学界矗立起一座丰碑！

再次对先生表示衷心的感谢！祝先生健康、长寿，继续攀登心理学的新高峰！

中国人民大学心理系二级教授　张积家

2023 年 3 月 19 日

目　录 CONTENTS

Part 1　幸福心理学

Part 2 健康心理学

Part 3　创造心理学 · 人才学

Part 4　教育心理学

Part 5 青年心理学·老年心理学

Part 6 管理心理学·人事心理学

Part 1
幸福心理学

1　幸福心理学的理念

尽管什么是幸福，千百年来，答案各异。一百年后，什么是幸福也不会有统一答案。但是根据现代积极心理学，特别是幸福心理学的研究表明，虽然人们对幸福的理解不尽相同，但幸福是一种心理感受、心理评价、心理体验与心理状态，这是肯定的；幸福是人脑对自然、社会和自身的肯定的、满意的、喜悦的、甜蜜的，甚至是欣喜若狂的心理反应；幸福的情绪体验状态可以是激情，也可以是心境，也可以是二者兼有。

笔者将幸福概括为 4 句话："你感觉到幸福你就幸福""你体验到幸福你就幸福""你认为幸福你就幸福""你想幸福你就幸福"。这也许是千年争论不休的幸福问题的一个通俗易懂、揭露幸福实质的、中国老百姓自己的答案。

对一般个体来说，幸福是自己和自己比较。例如，10 年前的幸福程度和 10 年后的比较，两个不同个体之间的幸福比较起来有困难，因为幸福是一个主观的概念，它的影响因素错综复杂。一般来说，凡是对生活满意、情绪处在积极的、乐观的、安心的、舒心的状态就是幸福的，即具有主观幸福感。

1.1　幸福心理学的三条黄金法则

（1）幸福是精神领域的概念。尽管人们对幸福的理解不尽相同，但幸福是一种心理感受、心理评价、心理体验与心理状态，这是肯定无疑的。幸福虽受物质生活、地位等因素影响，但决定幸福的核心因素是心理。人的认知、评价、感情、个性、动机、需要、价值观、理想、信念等决定人的幸福及其程度，即心态决定人的幸福。

（2）有什么良好的心态，就会有什么样的幸福；有什么不良的心态，就会有什么样的痛苦。腰缠万贯未必幸福，粗茶淡饭未必不幸福。

（3）我们无法改变现实，但可以改变心态。当感到不幸福时，不要怨天尤人，要反省自己，改变自己的心态。换一种积极的态度，换一个积极的思路，换一个积极的情绪就会换来幸福。

幸福的心理成分包括两个方面，即认知和情绪。认知指的是生活满意度，即人把生活看成一个整体，对其生活质量作出的评价。情绪是指情绪的体验，一般指的是积极情绪与消极情绪之差，如果积极情绪占主导就会幸福，如果消极情绪占主导就不会幸福。幸福的积极情绪体验主要指的是安心、舒适、愉快和欣喜等。

1.2 获得幸福的方法

至今，也没有一个普遍认同的幸福标准，和获得幸福的方法。依笔者看，一百年后，也还会有争论。这是必然的。这是由幸福这个特殊的问题本质的复杂性和获得途径多种多样所决定的。我们没有必要深究幸福的概念，幸福的实质，或者幸福的途径，我们只求我们今天幸福，明天幸福，后天幸福，也就心满意足了，也就是幸福的人了。

现代心理学提出积极心理学时间不长，但是从事积极心理学的研究，几十年前已经开始进行。这种积极心理学的内涵比较窄，主要指健康心理学和幸福心理学。笔者认为，幸福心理学的研究不是孤立的，它和健康心理学、创造心理学、气功心理学是密切相关的。

1.2.1 幸福在心上

我们常说的幸福与幸福心理学的学者所说的幸福感、生活满意度，本质是一样的，都是指人们是否感受到幸福，体验到幸福。

其实，人们表达幸福感的词汇有很多，例如快乐、开心、喜悦、高兴、欢乐、满足、满意、惬意，成语就更多了，心满意足、心花怒放、乐不可支、乐不思蜀、乐此不疲、乐而忘返、乐以忘忧、兴高采烈、欢天喜地、兴致勃勃、欢欣鼓舞、欣喜若狂、其乐融融、自得其乐等。这些都是常用的、感受到幸福和幸福后的表现。

人们常常用不同的语言来描述自己内心的情感体验，尤其是对于自己内心幸福情感体验的描述，可见，老百姓关于幸福的理解和学者们研究的定义是一致的，即幸福是主观的体验，是一种积极情绪的体验，因此，幸福心理学常常用“主观幸福感”这一概念来解释。

幸福感是心理的、主观的概念，是人对客观现实、对自己方方面面生活的一种感受、一种体验和一种评价。幸福感既离不开客观存在的东西，更离不开自己的主观体验。

幸福虽然离不开客观现实、事物本身，但是否感受到、体验到、评价到幸福，还在人的自身。因此，幸福是主观的，有的学者把它称为“主观幸福感”。在这个意义上可以说，人人都可以幸福。只要你对你生活的各个方面的客观事物有积极的感受、积极的体验、积极的评价，你就获得幸福了。

在这个意义上讲，幸福不是由权力、地位、贫富、性别、年龄、种族本身决定的，而是由人的价值观、理想、信念、智力、兴趣、爱好、需要、动机、情感、个性心理特征等主观因素决定的。

1.2.2 改变心态就能改变幸福

心态决定幸福，改变心态就会改变幸福。对一件事物，能否改变心态，是受很多心理因素影响的，包括认知（认识）、评价、感情、个性等。信念、理想、价值观在其中起着重要的调节作用。越是高层次的幸福，其调节作用越大。因此，幸福是主观的。幸福的心理结构是极其复杂的，主要由认知、评价、感情、个性等心理因素组成，其中调节作用主要由信念、理想、价值观等承担。

以高考为例。很多考生把六月称为“黑色的六月”，因为六月的他们，是在焦虑、郁闷、抑郁、煎熬甚至痛苦中度过的。这是由他们对高考的消极认识、消极情感等因素决定的。

1.2.3 树立多元幸福观

客观事物总是存在的，我们每天的生活本身就是面对客观的事物。客观的事物多种多样，因此对幸福的体验也是多种多样的。笔者多年的幸福心理学研究成果表明，幸福的概念是抽象的，幸福的内容是具体的，因此幸福是多方面的。正是在这个意义上，笔者提倡多元幸福观，并且认为多元幸福观的核心是事业上的幸福（包括学习上的幸福、工作上的幸福等）。它与社会进步息息相关。

从我国社会现实出发，幸福的种类包括事业幸福、恋爱幸福、婚姻幸福、家庭幸福、健康幸福、健美幸福、交往幸福、社会幸福等。不同种类的幸福有不同的具体体验内容。笔者建议，首先要争取事业上的幸福，它是幸福的核心。同时，也要争取其他的幸福。

1.2.4 幸福不仅在结果，而且在过程中

有人存在认识的误区，认为只有考上了大学，才会获得幸福；有人认为，只有生了一个白白胖胖的儿子，才会幸福；有人认为只有儿孙满堂，才会幸福。这些结果，是幸福开花结果了。但是在达到这些幸福的过程中，很多人没有体验到幸福，甚至觉得是负担。这就是只追求幸福结果，而忽视了幸福的过程。持有这种幸福观的人，往往整日忙忙碌碌，甚至疲惫不堪，心情是抑郁的，情感是消极的，甚至会产生无奈、绝望的心情。这就形成了一种误区——有了幸福的结果才是幸福，而追求幸福的过程没有幸福。

1.2.5 树立祸福相互转化观点

中国的先哲们早有对祸福相互转化的精辟论述，老子说，“祸兮福之所倚，福兮祸之所伏”。用通俗的话来说，坏事在一定条件下可以变成好事，反过来好事在一定条件下也可以变成坏事。就笔者六十年心理学研究的成果来看，转化的条件是心态。心态是祸福转化的关键。心态好，可以保持幸福，巩固幸福，心态差，就会失去幸福。心态好，可以从失败中吸取教训，转化为幸福。

1.2.6 消除“身在福中不知福”的观念，树立“幸福常在身边”的理念

其实很多人在事业、恋爱婚姻、家庭生活、身心健康、人际交往上，

都会经常获得幸福。但是由于很多人“身在福中不知福”，把幸福看成很神秘、高不可攀甚至离自己远远的事情，因此，身处幸福之中还觉得自己不幸福。

中国有句老话，“身在福中不知福”。不少人用正确的尺度去衡量自己的情况，就会觉得自己是幸福的人。但也有人用不正确的眼光去看待自己的情况，总认为自己不幸福。因此，用正确的眼光看待生活，就会感到幸福。

2 恋爱幸福

2.1 走出恋爱的误区

真正的爱情是幸福的，是甜蜜的，对人的身心都会产生多方面的益处，甚至可以说，是调整心态最好的、最微妙的、最迅速的方法。若想获得真正的爱情，从而获得长久不衰、与日俱增的幸福，就要走出爱情的种种误区。

常见的爱情误区有以下 7 种。

（1）尊敬之心不是爱情。

（2）感激之心不是爱情。

（3）兴趣爱好相同不等于爱情。

有的青年人择偶，追求兴趣爱好的一致，认为兴趣爱好一致就是志同道合。其实兴趣爱好一致不是爱情的本质。兴趣爱好相同的青年人，共同的语言可能多些，彼此思想感情可能容易交流，有助于感情的培养。但是兴趣爱好不同的青年人，只要价值观一致，思想感情一致，也能培养感情。兴趣爱好一致的青年人相交往，可能发展成爱情，也可能始终萌发不出爱情。因此青年人在恋爱时不要过于强调双方的兴趣爱好一致，否则可能会错过青春的年华，成为大龄未婚青年。

（4）同情不等于爱情。

在异性交往中，经常会产生男女之间的同情心。同情是人类的一种宝贵的心理品质，但同情本身并不是爱情。女性更富有同情心，因此容易把同情与爱情混同起来。女性也易体察男性的同情心，对于来自异性的同情心很敏感，因此也容易误认为异性的同情心就是对自己的爱情。现实生活中把同情和爱情混同起来的事例屡见不鲜。

当然，未婚异性青年在同情的基础上可能发展为友谊，在友谊的基础上也可能发展为爱情。

（5）一见钟情不一定是真正的爱情。

在生活实践中，青年人常常出现一见钟情的情况。所谓一见钟情是一种突然发生的爱情。钟情的特点是被对方的外在因素所强烈吸引，一见而倾心，一遇而钟情。一般说来，小伙子容易被姑娘美丽的容貌所倾倒，姑娘则容易被小伙子外表英俊、言谈大方、风度潇洒、才华横溢等特征所折服，在相遇后即产生爱慕之情。

严格地说，一见钟情并不是真正的爱情。真正的爱情是双方的思想感情的高度融合和心理的相容。真正的爱情是两人感情发展的飞跃。

青年人发生一见钟情，特别是姑娘应保持理智的头脑，以冷静的态度正确对待。既不要轻易地中断来往，也不要草率行事。人们的认识是从感性认识发展到理性认识的。姑娘对小伙子有良好的初步感性认识，为进一步认识打下了基础。把一见钟情当成恋爱的起点，在相互了解中检验和发展感情。

发生一见钟情，切不要被钟情之火冲昏头脑，盲目地陷入恋爱的情网中不能自拔。应该指出，一般来说，女性在性心理上比男性成熟早，对钟情的异性易产生强烈的冲动。因此姑娘切不可把一见钟情看作恋爱的终点，形成闪电式的恋爱，闪电式的结婚，否则可能铸成大错，后悔莫及。

（6）怜悯不是爱情。

有些天真的青年人对犯有错误的青年，带着挽救的心情去接触，甚至用怜悯代替爱情。结果使自己陷入了痛苦的境地。在现实生活中，错把怜悯当作爱情的悲惨事例屡见不鲜。

（7）异性友谊不是爱情。

异性友谊与爱情本质上是两回事，但异性友谊与爱情也有联系。异性友谊的进一步发展可以转变为爱情，但异性友谊毕竟不是爱情。

有些青年人在学习与工作中建立了友谊。有时青年人误认为双方有了爱情，而主动地向对方求爱。这说明在实际生活中，有些青年把友谊与爱情混淆了。特别是一些青年人混淆了友谊与爱情的界限，主动向对方表达爱情，遭到婉言谢绝后，自尊心受到挫折，情绪变得低落。

异性友谊与爱情有明显的区别。异性友谊是广泛的。在女性的学习与工作中，一位女性可与多位男性在彼此间的同志感情的基础上发展成为同志友谊。爱情却具有排他性，一位女性只能与一位男性结成爱情关系，即爱情是专一的。

若异性双方都没有恋爱对象或爱人，异性朋友之间的友谊可能在一定的条件下发展成为爱情。异性双方或一方已有恋爱对象或爱人，在正常的心理状态下，异性朋友之间的友谊不应该发展成为爱情。异性之间恋爱的目的与归宿是结婚，结为夫妻，组成家庭。

2.1.1 青年恋爱情感的特点

青年恋爱的情感特点，在于把所爱的对象理想化。“情人眼里出西施”，这是青年男女在恋爱过程中常常出现的心理现象。这时双方的感情和谐而高涨，由于感情的泛化，感到对方是“完美无缺”的，用美好的眼光看待对方的一切。在一般人看来的缺陷或缺点，在情人眼中却视而不见。

在恋爱过程中要努力使理智与爱情统一起来，在理智的支持下，燃烧爱情之花，使爱情变得更加高尚，更加甜蜜。否则，被热恋的冲动冲昏了头脑，沉浸在一切都称心如意的欢欣之中，等到结婚后，头脑清醒，才看见缺点或缺陷，又不能正确对待，则会影响夫妇之间的感情，个别的甚至会导致爱情破裂。

一位心理学家曾说：“在如痴如醉的感情刺激和双方互相讨取欢心的情况下，表现出来的往往只是好的一面，她没有能力权衡采取决断那一步的意义……婚后的庸俗行为破坏了爱情的例子是很常见的。年轻人原来等待着什么奇妙的东西，可是后来全落空了。”

因此，婚前理智冷静地分析对方的长处与短处，全面地、正确地认识对方，才能保证婚后的幸福。

2.1.2 人的气质类型与恋爱方式

不同气质类型的人，在恋爱过程中的表达会有所差异，表达感情的方式也不尽相同。不同气质类型的人，在恋爱中各有所长，各有所短，要取长补短，获得爱情的成功。

气质是人的典型的、稳定的心理特点。这些特点以同样的方式表现在各种活动中。气质使一个人的心理活动表现带有个人独特的色彩。心理学把人的气质分为四种类型，它们在恋爱活动中反映出不同的特点。

（1）胆汁质。这种气质类型的人表现为热情、坦率、情绪强烈且易爆发，精力旺盛，心情变化激烈。这种人对爱情敏感，感受爱情迅速，对异性之爱强烈，表达爱情坦率，但对待爱情可能简单，表达爱情欠含蓄。因此。胆汁质的人对爱情可能操之过急。这种人要在恋爱过程中，注意尊重对方的人格，注意自身的语言与行为。

（2）多血质。这种类型的人活泼，好动，敏感，反应灵敏，善于交际，多情。对对方感情丰富，但有时感情易变，可能有“冷热病”。因此多血质的人在恋爱中，要力求感情稳定，多方了解，逐步前进。

（3）黏液质。这种气质类型的人表现冷静，沉着，情绪不易外露，反应缓慢，沉默寡言，善于忍耐。在恋爱表现中老练沉着，一般不会感情用事，表情冷淡，行动迟缓，可能使人有深奥莫测之感。因此在恋爱中要热情，及时捕捉爱情的信息，并做出正确的反应，免误良机。

（4）抑郁质。抑郁质的人表现为孤僻，行动迟缓，体验深刻，深情沉默。对爱情表现深刻，往往深思熟虑，感情内敛而不外显，缺乏表达爱情的勇气。因此抑郁质的人在恋爱中要积极主动，要敢于吐露真情。

2.1.3 甜蜜爱情的心理规律

在恋爱与家庭中享受甜蜜爱情的人，总是说他们在一起“合得来”；而在恋爱中“吹了”的人或离婚的人总是说他们在一起“合不来”。

从心理学来说，所谓“合得来”就是心理相容，所谓“合不来”就是心理不相容。心理相容主要是指人们的思想意识、情操、志向、信念、兴趣、爱好等方面的合拍与协调。一对情人、一对夫妇心理相容则会体验到快乐、幸福、甜蜜、美好；心理不相容则会感到惆怅、痛苦、伤心、厌恶。一对情人、一对夫妇只要心理相容，则情投意合，达到了“酒逢知己千杯少”的境界。心理不相容，则貌合神离，出现“话不投机半句多”的状态。

恋人、夫妇的心理相容可进一步发展为心理相容动力定型，即心理相容已经习惯化、自动化了。心理相容动力定型由于情人、夫妇一方的破坏或由于其他外来力量的破坏，则会出现心理冲突和心理痛苦。《红楼梦》中贾宝玉与林黛玉相爱是因为他们心理相容，而这种心理相容遭到破坏，对贾宝玉和林黛玉精神上与身体上的打击是极其明显的。

2.2 关于获得恋爱幸福的方法

2.2.1 忠实于恋爱

爱的范围很广，包括父母与子女的爱，朋友之间的爱，同志之间的爱，恋人之间的爱。确定恋爱关系，实际上就已经开始了爱情培养。确定恋爱关系的爱情，就具有性意向。爱情是包括性意向的。朋友之间、同志之间的非性爱不包括性意向成分。性意向是构成爱情心理结构的主要组成部分。性意向是性爱与非性爱的本质区别。因此，恋爱是具有排他性的。

青年同志谈恋爱，一定要有责任心。一般说来，没有解除恋爱关系之前，不应再和第三者谈情说爱，过去叫作三角恋，现在叫作“N 角恋”。实际上失去了恋爱的本质意义，是对恋爱的践踏，严重的甚至会引发情杀，导致人间悲剧。

爱情和恋爱是人类非常微妙、富有变化的一种感情。因此，要有高度的警惕。有的确实不是有意插足的，而且自己的感情变化也没有清晰意识到。所以为了恋爱成功，要经常提醒自己，同时有没有和其他异性有朋友以外的关系，并且也要避免与其他的异性有爱情方面的接触。

2.2.2 恋爱既不要闪电式，也不要马拉松式

据笔者接触过的恋爱咨询者来看，闪电式的恋爱也是有的。认识才几天，就确定了恋爱的关系，甚至再过几天就结婚，最后是闪恋、闪婚、闪分。因为恋爱是个过程，彼此之间的了解是一件非常需要细心的事。恋爱中的人都可能会“情人眼里出西施”，这是一种心理的“晕轮现象”，因此出现闪恋、闪婚。恋爱必须经过相对较长时期的相识、相知、相爱的过程，否则难以真正了解对

方。恋爱要经得起时间的考验。从一些离婚案办理情况来看，因为突击恋爱、突击结婚，彼此没有深入了解，等婚后矛盾暴露出来，彼此往往会大失所望，导致离婚的悲剧。

另一方面，笔者在咨询中也发现，马拉松式恋爱，一般来说也是不可取的。恋而不婚，不符合恋爱的发展规律。恋爱的发展规律应该是，相识，相知，相爱，结婚。恋而不婚，是违反恋爱的规律的。笔者在临床咨询案例中也发现，恋爱不婚者也有最后连恋爱关系都解除了的。恋爱与结婚是一个量变到质变的过程。恋爱是需要不断加温的。当恋爱已经达到成熟的地步，就该结婚了，除非有特殊的、临时的原因，那另当别论，否则的话，就需要分析它的原因了。因此笔者建议，恋爱谈到一定阶段，就应该考虑结婚，当然由于居住条件等因素，可能也影响结婚，但笔者建议，遇到这种情况，先结婚登记，确定法律上的夫妻关系，这样无疑对他们婚姻的幸福，其中包括性生活的幸福，都有很大的保证和促进作用。

3 婚姻家庭幸福

3.1 夫妻关系的心理类型

夫妻关系是一种非常复杂的关系。夫妻关系的心理可以以不同的标准分类。不同的夫妻关系心理类型产生不同的心理效应。

从夫妻平等角度划分夫妻关系的心理类型可分为 3 种，即夫妻关系平等的心理类型，大丈夫的心理类型与妻管严的心理类型。

（1）夫妻关系平等的心理类型。

夫妻关系本来是平等的。夫妻关系平等的心理类型表现为夫妻双方在政治上、经济上、人格上都是平等的。他们有同等的权利处理家庭中的各种事务，例如，经济支配权等，同时共同承担家庭义务，例如操持家务、教育子女等。

夫妻关系平等的家庭往往充满民主、美满、和谐的心理气氛，夫妻关系和谐，彼此信任，互相帮助，互相关怀，互相尊重。这种心理类型的家庭，有利于子女心理健康发展，有利于培养子女平等待人、团结协作、讲究礼貌、尊重他人的优势心理与思想品德。

（2）大丈夫的心理类型。

受我国封建社会传统的心理习惯影响，家中的经济、生活等权力都集中在丈夫一人身上，易产生“大丈夫主义”。丈夫对家庭一切事务都有决定权。在这种夫妻关系类型的家庭中，妻子往往处于从属地位，形成了“夫唱妇随”的心理，妻子操劳家务，生儿育女，侍奉丈夫和公婆。

大丈夫心理类型的家庭对子女的心理发展势必产生不良影响。男孩易形成专横等不良心理品质，而女孩易形成自卑等不良心理品质。

（3）“妻管严”的心理类型。

夫妻关系的“妻管严”的心理类型是妻子在家庭中处于统治地位，而丈夫处于从属地位，家庭中的经济、生活等权力集中在妻子一人手中，妻子在家中支配丈夫，丈夫充当“绵羊”角色。有的妻子甚至干涉丈夫的工作，“枕边风”使丈夫无原则地言听计从。

夫妻关系“妻管严”的心理类型中的妻子，很容易形成不良的心理品质，她往往性情粗暴、态度蛮横、娇气十足。这种夫妻关系的心理类型的丈夫常易形成压抑、抑郁、谨小慎微等不良心理。当然这种心理类型的家庭对子女心理发展极为不利。孩子易形成娇生惯养、粗暴、任性等不良心理品质。

3.2 获得婚姻家庭幸福的方法

3.2.1 中国人满意度最高的事情

据笔者几次关于生活满意度的调查研究，中国人满意度最高的是婚姻家庭。中国人的家的情结非常浓厚，据估计，每年春节是中国家庭大团圆的最好见证，可能世界上还没有任何一个国家，为了这个节日，为了家庭团圆，可以克服重重的困难，不顾一切，促成这个美好的假期。可能世界上也没有一个国家，在长达一个多月的春运期间，集中全国力量，海陆空一体，大规模地进行几亿人口的流动。这都说明中国人的家庭观念是非常强的。

但是，大家也应该看到，近年来，中国离婚率不断提高，这就提醒我们，在中国社会发展，中国社会与国际社会接轨的同时，应该发扬和巩固中国传统文化“爱家”的理念。这不仅对于巩固婚姻家庭幸福非常重要，而且对建立中国特色的和谐社会也有极其重要的现实意义与深远的历史意义。

家庭成员，学会相互尊重、相互沟通，及时化解矛盾，是巩固家庭幸福的一个重要方面。政府相关部门与社区的工作人员也应该采取有效的调节机制，及时化解家庭矛盾，巩固家庭稳定，巩固社会和谐。

矛盾无时不在，无处不在。中国有句老话，“家家有本难念的经”，这充分说明，家家有矛盾，有矛盾才是正常的。家庭关系、夫妻关系，常常是在化解矛盾的过程中，得到发展和升华的。因此，不应该回避矛盾，应当正视矛盾。采取适当的方法解决不同的矛盾。

3.2.2 尊重人格

从笔者的咨询经验，特别是对高考状元家教方式的研究获得的结果来看，家庭成员相互尊重，是发展婚姻关系，发展家庭关系，最为重要的心理基础。中国传统文化关于家庭也有些错误的理念，例如，夫唱妇随，父母之命不可违，从现在社会的婚姻家庭理念来看，显然是不对的。它是婚姻家庭人格不平等的表现。家庭成员在人格上是平等的，这是维系和睦的家庭关系最重要的心理支柱。

3.2.3 忍一忍风平浪静，退一步海阔天空

忍一忍风平浪静，退一步海阔天空，这是笔者在长期的家庭生活中，根据心理学的原理，找出的一种避免家庭矛盾，使生活幸福，且行之有效的法宝。

3.2.4 亲子教育的重要性

据笔者接受的咨询来看，目前我国夫妻矛盾主要受两个因素影响，一个是性生活不协调，但大家都没有放在桌面上，而是心里不痛快，甚至潜意识在起作用，成为婚姻家庭不稳定的因素。另一个就是亲子矛盾，以及夫妻对教育子女的不同理念、不同方法。

可以说，在现代社会，制约家庭幸福、家庭和睦的一个主要因素是亲子关系问题、家庭教育问题。因此家庭教育问题应该提到全社会关心的日程上来。

4 人际关系幸福

4.1 获得人际关系与幸福的方法

（1）酒逢知己千杯少，话不投机半句多。

人际关系好，犹如“酒逢知己千杯少”，使人获得安全感、喜悦感与幸福感，人际关系差，使人获得不安定感、厌恶感、敌对感，破坏人的幸福。

（2）智商高，也要情商高。

（3）积极品质助你提高人际关系幸福感。

综合社会心理学研究，最吸引人的、最使人喜欢的人际关系的品质是真诚和诚实。其次还有真实、可靠、体贴、热情、友好、负责任、开朗、相信别人、理智、友善、幽默等。

（4）消极品质破坏人际关系幸福感。

社会心理学研究表明，影响人际关系和谐最消极的品质是说谎和装假。其次还有冷酷、虚伪、讨厌、信不过、自高自大、多嘴多舌、目光短浅、粗鲁、敌对等。

（5）求同存异，讲求策略。

在人际交往中，人们对事物的认识，常常有不同的看法。这一般认为是正常的。但有的人，坚持自己的意见，往往激化矛盾，使感情受到伤害，因此在人际交往中，既要坚持原则，又要有灵活性，要求同存异，防止把人际关系搞僵。在人际交往中，所谓的灵活性，也包括讲求人际关系的策略和技巧。

所谓人际关系策略和技巧，是以不违背人际关系原则为前提的。它的目的是在人际关系中，使对方更容易接受自己的意见和看法，是用一种“晓之以理，动之以情”的方法，使大家达成共识，而不是强制地让对方接受。

4.2 搞好人际关系的五个秘诀

人际关系好坏、学习工作的效率对心理健康、对搞好团结都有重大影响。人际关系的面很广，包括家庭人际关系、工作关系、校园的人际关系、邻居关系、亲朋好友关系等，凡是有人群的地方都可能形成人际关系。笔者多年研究总结出搞好人际关系五个秘诀，心要诚，脸要笑，嘴要甜，手要快，腿要勤。

第一，心要诚。心诚是搞好人际关系最核心、最根本、最重要的秘诀。国内外社会心理学研究普遍认为，心诚是人际关系需要的首要因素。另一个方面的研究说明，搞不好人际关系最主要的因素就是虚伪。心诚是人际关系的核心和灵魂。心诚就是诚心诚意，不弄虚作假，不是当面一套背后一套，不是说大话、空话、假话，是从内心深处发出的一种与人交往的、诚心诚意的、本质的东西。心诚不诚，说几句话就能看出来，心不诚的人，一听就明白了他在忽悠你、吹捧你、在向你献媚，这种人一定要警惕。有的人说话很直爽，却是心里话，实实在在的话，有时可能脾气不太好，但是是从内心深层发出的声音、是诚实的，这种人你一定要亲近他。

心诚也是我国社会主义核心价值观所提倡的内容。弄虚作假、忽悠，这些东西都和“心要诚”相违背，无论哪个社会和时代，心诚都是搞好人际关系最根本的东西。周恩来同志在外交中，能和世界各国的朋友，甚至社会制度不同、敌对势力的人都搞好关系，就在于他心诚。这说明尽管政见不同，但是只要我们从真诚的角度出发，就能实现求同存异、互助互利。

所以说，心要诚是搞好人际关系最根本、最重要的法宝。如果说有什么秘诀，心诚就是最好的秘诀。

第二，脸要笑。我们要笑脸迎客。心理学研究表明，初始效应很重要，笑脸迎客能够给人一种乐观向上、开放、明朗、透明的感觉，绷着个脸、冷若冰霜使人感觉寒冷、疏远甚至厌恶。笑是人内心良好精神状态的外部反映，笑是人内部世界对外的一个重要窗口。谁不喜欢笑的人？谁喜欢冷若冰霜的人？这是人的共同心理特点。但这个笑是发自内心的笑，不是冷笑。当然，笑也是一种艺术，是人自信的外部表现，有信心的人、有力量的人面对生活、面对现实、面对困难，总是笑对一切。缺乏信心的人、畏惧的人、害怕困难的人往往无精打采，没有笑容。因此，笑是人精神状态、力量强弱、心理实力、心理能量的表现。在人际关系当中，笑可以发挥非常重要的作用。

第三，嘴要甜。嘴要甜的秘密不是阿谀奉承，而是发自内心善良的、真实的、友好的表达。中国有句俗话，“锣鼓听音、说话听声”。一句话从不同心态的人嘴里说出来就大不一样。“嗨，你真了不起！”听起来是一种发自内心的赞叹。“嘿，你了不起啊？”这是一种怀疑和质疑。因此，嘴要甜，要伴随语言来表达，不要拐弯抹角、不三不四、不冷不热，听起来很别扭。要学会从内心遵循这种理念，即对待任何人就像对待朋友、亲人一样，这样你就会做到“心要诚、脸要笑、嘴要甜”。

第四，手要快。有很多事情是需要大家共同做的，如搞好公共环境卫生、室内卫生等。手勤也是要养成习惯的，无论官多么大，多么富有，在人际关系中一定要手勤。你官越大、越有钱、长得越好看，你手勤快，别人越尊重你。你官大、有钱、长得漂亮，但什么事都不动手、都依赖别人，人家未必尊重你，而是会小看你，藐视你。你该动手时不动手，处处依赖别人，人际关系自然不会好。

第五，腿要勤。有一句话，读万卷书行万里路，书看得多了，积累的知识就多了，腿勤了，亲自实践、亲自活动、亲自考察，就能获得第一手材料。搞好人际关系，腿勤也很重要，多走动、逢年过节多看看自己的朋友，特别是过去帮助过你的人，要用感恩的心态去拜访人家。经常发个短信问候也非常重要。人是有感情的动物，感情是呼应的，你问候他，他也会问候你。身边的朋友、同事、同学有困难多跑一跑腿，提供帮助，在帮助他人的同时也获得了友情，也是搞好关系的一个秘诀。总之，人际关系对人的学习、工作和生活极其重要，但搞好人际关系也很容易，最根本最重要的是要诚实，其次要做到“脸要笑，嘴要甜，手要快，腿要勤”。这样搞好人际关系就不成问题了，就会让你在人际关系良好积极的环境中平稳度过一生，为自己的家庭、事业，为民族的复兴作出应有的贡献。

5 美感幸福

5.1 美感

美感是对事物的主观体验，是一种高级情感。美感是在欣赏自然景物、社会的和谐现象、精神生活的美好境界和艺术作品的时候表现出来的。

人们感知美好的自然景色和欣赏艺术作品时，使人产生美感，有时使人流连忘返。美感不仅在感知美好时发生，精神上的美好也能激发美感。刘胡兰、董存瑞、黄继光、邱少云为了革命献出自己宝贵生命的崇高道德行为激发了人们的美感。雷锋精神激发了人们的美感。因此，道德与美，道德感与美感是紧密结合的。

人类对美的感受与体验有着共性的一面。桂林山水、杭州西湖、苏州园林、西山红叶的美，人人都赞赏。

人的阶级、民族习惯、文化教育、个人心理特点等因素，都会影响人们对客观事物的美的评价标准。因此对美的感受、体验也不尽相同。

人的美包括生理美、修饰美、风度美、精神美。

生理美包括容貌、姿色、身材、皮肤等。它是人体的自然美，主要由人的生理决定。

修饰美包括衣服的式样、发型、装饰等。这是在人体美的基础上经过自身修饰、自我加工而形成的美。

风度美包括待人接物、举止言行、礼貌等。

精神美包括思想、意识、道德品质、情操、意志、智力等，这是内心世界的美。精神美是人体美的核心。“诚于中而形于外”，精神美体现在人的行为与语言方面，精神美支配与调节人对生理美与修饰美的追求倾向及其程度。

5.2 获得美感幸福的方法

（1）树立当代中国人美的意识。

（2）学会科学地化妆。

（3）“到什么山唱什么歌”。

（4）学会分享美，大饱眼福。

一个人欣赏自身的生理美、装饰美、风度美与精神美，会产生愉悦的情感，提高对自身美感的主观幸福度。要学会在充分欣赏自然美、社会美与人体美的同时，分享美的魅力的主观幸福感。

世界是充满美的，充满幸福的。人人都是平等的，人的心态决定分享美的幸福度。人的心态是分享人的美的最关键、最重要的因素。心态好的人能从日常艰难的生活中，分享人间事物带来的幸福感。心态不好的人即使住在豪华的别墅里，吃着山珍海味，站在秀丽的山川前，都会麻木不仁。

总之，无论是自然美、社会美、艺术美还是人体美，处处存在，时时存在，关键要有阳光、平和辩证的心态，就能时时处处欣赏到美的魅力，从而使自己产生美的幸福感。

6 心态决定幸福

（1）幸福的认知评价。

积极的认知评价赋予幸福。

消极的认知评价带来痛苦。

（2）期待决定幸福和痛苦。

（3）心宽者易幸福，心窄者易痛苦。

（4）6种心态易夺走人们的幸福感，包括抑郁、焦虑、敌对、人际关系紧张敏感、学习和工作压力大、心理不平衡。

（5）实现自身价值便是幸福。

（6）价值观决定幸福。

（7）积极的心理应对方式。

第一，心理应对方式多种多样。在心理压力和挫折面前，人们常常出现焦虑、抑郁、愤怒、攻击、屈从、发愤等心理应对方式。

消极的心理应对方式，使人感到垂头丧气或嫉妒愤怒，带来的是痛苦。积极的心理应对方式，使人化消极为积极，焕发心理潜力去战胜心理压力和挫折。迎来的是战胜挫折的体验，迎来的是幸福的体验。

第二，心理应对方式既稳定又可变。

第三，改变消极心理应对方式。要改变对心理压力、挫折的不良的心理应对方式，首先要了解自己经常采用的是什么样的心理应对方式。如果你遇到了困难，就心情不悦，闷闷不乐，这就是一种抑郁的心理应对方式。

如果你在生活中一遇到困难，就大发脾气，与人反唇相讥，或摔东西，这就属于攻击性的心理应对方式。

了解自身属于哪种消极的心理应对方式，这是改变消极的心理应对方式的前提。

6.1　获得幸福心态的方法

（1）幸福的本质是主观的。

（2）幸福的心理结构。幸福是心理的表现和产物。幸福的心理结构极其复杂。笔者认为幸福的心理结构主要由认知（认识）、评价、感情、个性等心理因素组成，信念、理想、价值观在其中起着非常重要的作用，越是高层次的幸福，其调节性越大。

（3）幸福感是一种积极的情绪体验。可以说在幸福感的成分中，情感成分占核心地位。积极情绪占比越高，主观幸福感体验就越高，积极情感体验持续时间越长，主观幸福感持续时间越长。主观幸福感一旦变成了心境，就会使人"戴上幸福的眼镜"看待周围世界的一切。

（4）改变心态就会改变幸福的感受。具有乐观心态的人常常比悲观的人感受到更多的幸福。

外向型性格的人容易感受到幸福，外向型性格的人喜怒哀乐易表现在脸上。他们有事总会说出来，有高兴的事也会表达出来，受到压抑情绪影响小。内向型性格的人常常把事情藏在心中，不善于释放压力和痛苦，容易产生愉快的心情，降低主观幸福感。笔者从健康心理学研究和幸福心理学研究中，逐渐认识到，内向型和外向型性格对心理健康和主观幸福感有很大影响。因此，外向型性格获得幸福感机会就多。

所以笔者认为父母要想让孩子生活得幸福，就要力求培养孩子成为外向型的人。这也是心态决定幸福的重要方面。

（5）养成好习惯，播种幸福。

（6）微笑长存，幸福永驻。

6.2 获得住房幸福感的方法

住房问题是民生的大问题，是关系到全国老百姓能否过上体面和幸福的生活的问题。笔者认为，衡量人民群众是否过上小康生活，应该增加一个重要指标——人民群众幸福度，即主观幸福感。我们一切的经济建设、文化建设、社会建设等，都是为了提高人民群众的主观幸福感。主观幸福感不是抽象的、不可测量的，是可以评估的。

（1）精心策划、充分利用。居民要在现有的住房条件下，经过精心策划和充分利用提高自己的住房主观幸福感，包括房间的布局、墙壁的颜色、家具颜色的配套、地面的颜色、家具放置的位置、灯光照明等问题。只要经过精心策划，利用生理学、心理学、医学、建筑学的科学知识和方法，几乎每个家庭都会在现有住房的基础上，提高住房的主观幸福感。

（2）不攀比。“人往高处走，水往低处流”。时代在发展，社会在进步。人们希望住房宽敞些、舒适些，这是改革开放后的中国人对住房问题的心理需求。但是否获得满足，要视情况而定。像世界万物都存在差异一样，在住房上，大家的居住面积也不会完全一样。在基本的住房需要满足的前提下，就应心满意足，心安理得，不要去攀比。

“人比人气死人”。攀比不会增加房子的面积，而只会越比越消沉，越比越郁闷，自讨苦吃。本来住房基本满足自身需求，就可以安居乐业、自得其乐了。一攀比，势必导致情绪低落，降低了自己对住房的主观幸福感，这实在不值得。

（3）端正心态。目前，住房和房价问题是关系到民生的一大热门话题，也是难点问题。人们常受媒体报道的影响，通过暗示、模仿、感染的心理机制，导致大家对住房问题非常敏感。随着房价的上升和回落，人们的焦虑、郁闷、埋怨、不平的心态，也随之产生波动。

6.3 心态决定口福

（1）吃得开心就是幸福。“民以食为天”。吃的问题是人生的第一要素，是人的第一生存需要。如今早已进入温饱时代的中国人，正迈着坚定的步伐，向建设全面小康社会挺进。关于吃的问题，现在不是吃饱、吃不饱的问题，而是吃好吃坏、吃得香不香、吃得健康不健康、吃得幸福不幸福的问题。

每个人都希望有口福，这是人的正常生理本能和心理本能，在可能的条件下，人们追求口福，是理所当然的。如何通过吃东西获得口福、获得饮食的幸福，是由风俗习惯、地理位置、生活经历等多种因素综合决定的。例如，张三吃猪排非常有滋味，李四吃猪排却感觉恶心。

（2）口福引来富贵病。近年，中国的富贵病非常常见。糖尿病、脂肪肝、肥胖症，还有越来越引起关注的痛风，无不是因为吃得“太好”而造成的。这个“太好”只是口上的美味，规格的豪华，却对健康有很大损害。贪图一时的痛快，造成长久的痛苦，反而降低了幸福感。

6.4 获得吃喝幸福的建议

饮食是人生的第一生存需要，人获得物质幸福感的第一要素。吃饱，吃好，吃得健康，才能获得饮食的主观幸福感。吃不好，吃不香，吃得不安全、不健康，就无法获得饮食的主观幸福感。关于如何获得饮食的主观幸福感，笔者提出以下几点建议：

（1）学会科学地饮食。

（2）改变不良的饮食习惯和嗜好。

（3）建立良好的饮食心理环境。

人在宁静、舒适的环境中进餐，情绪安定，有助于消化。

不良的饮食环境，如周围环境杂乱无章，声音嘈杂，这些都不利于消化系统正常运行。

有些人一边吃饭，一边看电视，或者一边听声音很大的广播等，都不符合饮食的心理卫生。在进食时，要排除环境的不良刺激，在自己的经济条件力所能及的情况下，在比较舒适的环境中进餐。这样可以让饮食变成快乐的事情，并且增强自身幸福感。

（4）建立良好的进餐情绪模式。

进餐前后要建立平静与愉快的情绪模式。这种良好的进餐情绪模式，可以促进消化系统功能正常有序地运转，有利于肠胃健康。

在实际生活中，有不少人存在着一些不良的进餐情绪模式。

（1）思虑进餐情绪模式。

（2）心绪不宁的进餐情绪模式。

为了建立进餐时的良好情绪模式，可根据个人情况，有针对性地采取一些措施。例如，在就餐前后，听一些自己喜欢的轻音乐，对于建立进餐时的良好情绪模式，很有帮助。但是，听什么样的音乐，要根据自己的爱好和当时的情绪状态而定。比如进餐前情绪比较高昂、激动，可以听一些能促使情绪安定的音乐。如果进餐前，情绪比较低沉，可以听一些能促使情绪欢快的音乐。音乐的声音不要太大，要适中或者偏低为好。尤其注意不要一边听音乐，一边听电视机里的声音，容易影响听音乐的效果。

一个人，无论是否患有肠胃疾病，建立良好的进餐情绪模式，不但对于防治肠胃疾病有很大帮助，而且可以增加就餐的愉快度，提升就餐带来的主观幸福感，使人受益终身。

Part 2
健康心理学

7　心理健康

心理健康是人对自然、社会与自身的和谐、有序与平衡的积极心理状态。

走出心理健康问题的八个误区：

（1）心理健康问题不可逆转的误区。

（2）仅有少数人存在心理健康问题的误区。

（3）心理健康问题与纪律、道德、思想问题等同的误区。

（4）心理健康问题就是精神病的误区。

（5）心理健康问题不能自我发现的误区。

（6）心理健康问题不能自我调适的误区。

（7）逃避生活、逃避竞争的误区。

（8）消极对待心理健康的误区。

7.1　心理健康的衡量标准

人的心理健康水平受客观环境、人的个性特点、人的认知特点的影响而变化。

7.1.1　心理健康的衡量标准

衡量人的心理健康水平的方法是多种多样的，通常可用心理健康定性标准。

人的心理健康标准包括七个方面：智力正常、情绪稳定、意志健全行为协调、人际关系适应、反应适度、年龄与心理特征相符。

情绪稳定而愉快是衡量心理健康的体温计、风向标和金标准。

人的健康包括两个方面，一是身体健康即生理健康，二是心理健康。两者是不可分的、是统一的，只有身体健康没有心理健康，不是完全健康的人，只有心理健康而没有身体健康也不是一个完全健康的人。只有两者统一才是一个完全健康的人。我们社会的发展有种种条件限制，过去大家都重视身体健康忽视心理健康。现在人们逐渐开始重视心理健康了，但怎么衡量是一个大问题。笔者曾编制过一个中国中学生心理健康量表，测试过 40000 名中学生，通过心理健康量表可以相对科学准确地衡量人的心理健康状况，其测试结果还是相当可靠的，但如今社会上有人用笔者的心理量表作测试费用却很高。尽管有其他标准也可以衡量心理健康状况，但笔者的研究证明，人的心理健康最核心的标准是情绪稳定而愉快。情绪稳定而愉快是人心理健康最基本的要素。

具体测试就是，首先想想最近 10 天以来你的情绪是否经常比较稳定，经常感到比较愉快。如果是的话，说明你的心理基本是健康的。如果 10 天以来情绪经常不稳定，经常感到不愉快，可以初步说明你近来的心理健康存在问题，这就需要使用心理健康量表进行精确测试，看看心理问题表现在什么方面、程度如何。情绪稳定而愉快，我们衡量起来非常方便，每天都可以做到，因为它非常简便。其次，不花费任何费用。最后，可以做心理健康记录。每天记录心理健康状况，并把它分为三类，好、中、差，便于观察自己或孩子在成长过程中心理健康状况的动态变化。

7.1.2 心理健康的特点

心理健康作为一种心理状态具有下列特点：

（1）连续性。

心理健康是指人的心理活动中呈现的积极的、和谐的、平衡的一种心态。在适应世界与改造世界过程中，人的心理是在不断地变化的，不会总是停留在同一心态之中。

人对客观世界总是存在不同的心态反应以及不同的适应水平。人在面对客观世界以及客观世界的改造过程中可能出现最消极、最消沉、最不平衡、最不协调、最混乱的心理状态；也可能出现最积极、最和谐、最有序、最平衡的心理状态。人在生活实践中，从最积极、最和谐、最有序、最平衡的心理状态到最消极、最低沉、最不平衡、最困难的心理状态是一个连续的心理过程。

在一般情况下，绝大多数人的心态是处于最健康状态与最不健康状态的连续过程之间的。

（2）相对性。

人的心理健康水平的高低是相对的。心理健康的相对性具有两方面的含义。

第一方面的含义是自己比自己。例如，一个人最近的心理状态比前一个月他的心理状态好。第二方面的含义是与他人相比较。例如，王一的心理健康状态比我好，王一的心理平衡，而我心理不平衡，就是说我比王一心理健康状态差些。

（3）动态性。

人的心理是人脑对客观现实的反映。在生活实践中，人的心理永远不会停留在一个状态中，客观实际发展变化，作为人脑对客观实际的心理反映也是在不断发生变化的，因此，人的心态也总是在变化。

一般说来，人的一生不可能总是处在最积极、最平衡、最协调的心态之中，难免有头疼脑热的时候，同样，情绪也难免有低沉不安的时候，这不足为奇。

（4）转化性。

人的心态是发展变化的。人的心态的产生是有原因的，尽管原因错综复杂，有时甚至有些莫名其妙，但是是可以转化的。

人的心理状态既可以由良好的心态转化为不好的心态，由积极的心态转化为消极的心态，也可以由不好的心态转化为良好的心态，由消极的心态转化为积极的心态。

心态的转化有两方面的原因，一方面是客观的原因，如现实的变化，客观情景的变化。例如，当老师尚未得知本班学生中考成绩情况时，心理会感觉焦虑不安、担心，而一旦得知本班学生中考成绩很好时，老师的焦虑不安、担心的情绪会立即消失，满意愉快的心态随之产生，这主要是由客观环境的变化引起的心态的变化。

另一方面，人的个性特点、人的心理特点、人的认知特点等自身的心理素质水平对人的心态转化也有一定重要的作用。

不同人格倾向的人对自身的心理健康有一定的制约作用。具有抑郁倾向的人看待事物往往带有抑郁倾向，总把事物往坏的方面想。

（5）受社会文化因素的制约。

一个人的心理与行为的健康受他所处的社会历史背景、文化背景、民族风俗等因素的制约。

在清朝，男人留辫子，女人裹脚，这些行为被视为是正常的，当时如果有男人不留辫子，女人不裹脚，就会被视为异常行为。如今若有男人留辫子，有女人裹脚，也会被认为是不正常的行为。人的心理健康深深地打上社会历史、文化的烙印。

（6）具体性。

人的心理健康是具体的，具有一定内容的。心理健康总是与一定的心理行为相联系。心理健康的内容多种多样，心理健康的表现形式多种多样，心理健康存在的问题也多种多样。

心理健康水平可以分为三个档次，即心理健康水平尚可、心理健康水平良好与心理健康水平优秀。心理异常也大体可分为三个档次，即心理异常轻度、心理异常中度与心理异常重度。

心平气和、心满意足、精力充沛、心旷神怡，这些都说明心理健康水平高。坐立不安、神情恍惚、麻木不仁、悲观失望、心急火燎、灰心丧气，表明心理健康存在问题。

（7）时效性。

喜怒哀乐人皆有之，不能把短暂的情绪表现视为一种状态。例如，经常心平气和的人也可能在遇到忧烦、有害于社会、有害于人的道德的事情时表现出异常愤怒，这不能算作心理不健康的人。但是如果持续一个星期或半个月暴怒不止，这种表现说明这个人在这一阶段心理健康存在着严重问题。

7.2 心理健康教育与德育、智育、体育、美育、劳动教育

心理健康教育与德育、智育、体育、美育、劳动教育有着密切的关系。它们相互联系、相互制约，但不能相互代替。各自在全面发展学生素质方面都有很大的作用。

（1）心理健康教育与德育。

心理健康教育是德育的心理基础。德育是培养学生良好的思想道德品质。

道德品质是由心理因素组成的。构成道德的心理因素主要有道德认识、道德情感、道德行为等。加强心理健康教育，培养学生良好的个性，对形成学生良好的道德品质有很大的促进作用。道德离不开心理因素，因此，加强心理健康教育，是提高学生道德水平的重要途径之一。

心理健康是精神文明的窗口。举止文雅、彬彬有礼、行为协调、知行统一、言行一致是精神文明的表现，是健康心理的表现。

一个人举止粗鲁、语言污秽、行为不协调、语无伦次，是不健康心理的表现，是精神不文明的表现。21 世纪是更加文明的时代。21 世纪要求人们具有更高的精神文明水平。21 世纪的中国，对人们的道德水准提出了更高的要求，对人们的社会主义精神文明程度提出更高的要求。为了培养学生具有更高的社会主义精神文明水平，家长、老师都要十分重视对中小学生进行心理健康的教育。

（2）心理健康教育与智育。

我国的教育方针是使学生德、智、体、美、劳全面发展。加强心理健康教育对促进学生智育发展有很大的作用。

其实，心理健康的内涵就包括学生有正常的智力。学生要有正常的智力，才能更好地适应社会，发展自己，参与社会活动，改造世界。在进行心理健康教育时，提高学生的情绪稳定性与情绪愉快度，使学生学会自我心理调节，使自己的心态保持在相对平稳、相对平衡、相对协调与和谐的状态，必然会有助于学生的智力发展。如果情绪忽高忽低、情绪悲观，就会阻碍智力的发展。

（3）心理健康教育与体育。

人的健康是身体健康与心理健康的统一。二者相互联系，相互促进。加强学生的心理健康教育，提高学生的心理健康水平，就能促进学生身体健康。

心理健康的人会促使神经系统协调而稳定，从而提高人体的免疫力。

健康教育既包括生理健康教育，也包括心理健康教育，二者相互联系，相互依存，相互促进。既要重视生理健康的教育，也要重视心理健康的教育。加强心理健康的教育必将促进德育和体育的发展，促进学生身体素质的提高，使学生增强抗病能力。

（4）心理健康教育与美育。

健康心理木身就包含着人的内在美。

情绪稳定，情操高尚，意志坚强，本身就是人内在美的标志。在这个意义上可以认为，提高人的心理健康水平就是提高人的内在美。人的美是内在美和外在美的统一。一个健康的人不仅具有内在美的因素，而且行为大方、动作得体、言行一致，这些就是外在美的表现。

（5）心理健康教育与劳动教育。

心理健康教育使学生保持良好的情绪，培养学生良好的情操、坚强的意志、优良的个性。对培养学生良好的劳动观点、劳动习惯、劳动行为都有促进作用。加强心理健康教育，提高学生的情操水平与意志水平，增强学生克服困难的信心与力量，让学生在劳动中克服各种困难，从而形成良好的劳动习惯。

（6）心理健康教育与学业。

考试前与考试中的心态是制约考试是否成功的软件。

强迫症状限制了考生思维的广阔性与灵活性，阻碍了考试答题的速度，影响考试成绩。情绪低落束缚了考试心理能量的发挥，使考生难以进入考试状态，影响考试成绩。焦虑使考生情绪不安，束缚了记忆力的发展与发挥，从而影响考试成绩。躯体化症状使考生神经系统紊乱，使心理功能在考试中无法协调发挥。

学生应在考前自我测试心理健康状况，从而有针对性地调整自己的心态。

家长应帮助学生在考试前测试并积极调整孩子的心态，为考试创造成功的心理软件。

笔者对这个问题进行了二十年的调查研究、个案研究与实证研究。研究结果表明：

不良的心理因素是学习成绩低下与考试成绩不良的主要原因。

良好的心理因素是学习成绩提高与超常发挥的主要原因。

调节好心态是考试成功的一半。

心态就是分数。

考试成功的规律≈实力＋心态。实力是考试成功的硬件，是考试成功的基础。心态是考试成功的软件，起调节作用，既可以使考生正常发挥，也可以使考生发挥失常。

实力和心态在学习成绩与考试成功中同等重要，缺一不可，越是临近考试，心态的调节越重要、越关键。

7.3 不良心态预防

7.3.1 王极盛调整心态简便易行的 18 个方法

（1）看早晨八九点钟的太阳。

（2）每天逗孩子玩。

（3）多与好友聊天。

（4）养眼调心法。

（5）旅游调心法。

（6）问候调整心态法。

（7）张口卷舌头调整心态法。

（8）挺胸散步法。

（9）笑口常开法。

（10）暗示法。

（11）深呼吸调整心态法。

（12）按摩内关穴调整心态法。

（13）艺术欣赏调整心态法。

（14）书法调整心态法。

（15）生活节奏调整心态法。

（16）轻松散步调整心态法。

（17）学会玩手机。

（18）唱喜欢的歌曲。

7.3.2 防止与克服抑郁的三个“三分钟”

抑郁在人群中经常存在，这是一种心理问题。笔者的测试研究表明，中国中学生 30% 有抑郁，成人也大约如此，但是有些媒体报道，中国抑郁症有 16% 甚至更多，这是一种误解。抑郁和抑郁症是两回事，只是有些联系，不能把抑郁和抑郁症混同起来。抑郁是通常所说的郁闷，即情绪比较低落，在人一生的不同时期都会出现甚至反复出现，这是正常的。抑郁症是一种严重的心理疾病，不能把两者混同起来。不能把抑郁扩大化，使人们紧张起来。

那么，怎么防止和克服抑郁呢。笔者通过六十年的心理学研究总结了每天三个“三分钟”的方法。

第一个“三分钟”是每天花三分钟看早晨八九点钟的太阳。八九点钟的太阳，给人一种希望无限，充满向上、积极、乐观的感受，中午的、下午的太阳给人的感受是不一样的。如果你一边看早晨八九点钟的太阳，一边加上一些暗示语，例如朝气蓬勃、意气风发、前途无限、前途光明等，效果会更好。可以联想一些过去去过的、看过的祖国的大好山河，想象一下在早晨八九点钟的太阳下的景色是一幅多么美丽的图画，这会增强观看朝阳的心理效果，可以使你保持愉快、乐观、积极的情绪，防止和克服低落的、消沉的、郁闷的情绪。

第二个“三分钟”是每天逗小孩儿玩三分钟。儿童是国家的未来、民族的希望。1~3 岁的小孩儿是最好玩、最天真、最幼稚、最可爱的。跟他们在一起，可以唤起童心，消除忧愁，带来希望。每一个人都有具体情结，看看你的小宝贝，看看你的小儿子、小女儿、小孙女、小外孙都可以。稍大的孩子也可以逗他玩，跟他一起共同成长享受欢乐。亲情的力量是巨大的，爱的力量能唤起人心灵的希望。

第三个“三分钟”是听自己最喜欢的音乐。最好是健康、快乐的音乐。歌唱总会使人不由自主联想自己的生活经历，战斗过的地方和战友，一起从困难走过来的历程。方向是积极联想，联想高兴的事、温暖的瞬间、同志的情谊，这能引导你产生积极、向上、乐观的情绪，换句话说，对克服消沉、低落、郁闷的情绪也很有帮助。

7.3.3　人际关系敏感与敌对的预防

克服人际关系敏感与敌对，才能处理好人际关系。克服猜疑心，增强自信心，加强人际交流是克服人际关系敏感和敌对的良方。

不良的父母教养方式是形成敌对心理的家庭教育原因。学会疏通自己压抑的情绪，学会宽容，增强自制力是克服敌对的良方。

7.3.4　情绪不稳定的预防

情绪稳定是心理健康的核心指标。稳定的心态是取得良好成绩和竞争取胜的重要心理保证。防止情绪不稳定是心理健康教育的重要内容。

7.3.5　怎样防止嫉妒心

嫉妒心是无能的表现。与其嫉妒，害人害己，不如学会竞争，超越自己，超越别人，促进发展。

要防止嫉妒就要学会竞争，要对竞争有一个正确的认识，要有竞争的意识、竞争的勇气、竞争的方法与竞争的对策。竞争不是损伤别人，不是贬低别人，不是中伤别人，而是用自己的智力，充分发挥自己的潜能超越自己、超越别人。竞争是积极的，不是消极的。在竞争中，大家共同前进，你追我赶，不断地把水平推向新的高度。防止嫉妒必须培养宽阔的胸怀。

7.3.6　人格障碍的产生与预防

人格障碍是较为严重的心理问题，会对人际关系、社会适应、工作、学习产生较严重的危害。

父母良好的教养方式是防止不良人格的家庭保障。父母良好的人格与良好的行为方式是防止孩子不良人格的基本途径。

培养信心与独立思考的能力，防止依赖型人格形成。

教育孩子正确地评价自己，正确地评价别人，学会正确的认知评价方式，防止偏执型人格。加强对孩子感情上的关怀和温暖，防止反社会型人格的出现。培养孩子大胆、勇敢、创新的思想，防止强迫型人格的出现。培养孩子自我控制的能力，是防止癔症型人格的重要措施。

7.3.7 自杀的心理干预

及早地发现自杀的心理兆头，走出心理危机。

（1）自杀的心理机制。

自杀是人有计划地结束自己生命的心理行为。自杀的原因很多，目前过重的学习负担是引起我国中学生过重的心理压力的主要客观原因。当然，人际关系问题，突发的重大精神刺激，突发的重大事故等都是引起自杀的客观原因。

构成自杀心理的客观原因非常复杂。不同的客观原因引发的自杀心理过程也不尽相同。但是，自杀的心理机制是有共性的。在自杀的心理机制中，第一步是自杀倾向者受到了挫折，如欲望没有得到满足、考试失败、精神上受到打击等。绝不会因为喜事而自杀，也不会因为自己满意而自杀。

第二步是自杀的认知评价。例如，同样是因为考试分数不理想，考试不及格、高考落榜，各人的评价不一样，有人认为失败是成功之母，并继续努力，有人认为高考失败会终生倒霉。认知评价受自己的人生观、价值观、性格特征的制约。帮助学生树立正确的人生观、价值观和良好的性格，使孩子对事物有正确的认知评价，是防止自杀非常关键的心理对策。

第三步是过重的心理压力。我们对挫折的看法不一样，认知评价不一样，由此产生的心理压力的程度就不一样。

第四步是情绪低落。在巨大的心理压力下，自杀倾向者会产生情绪的变化，感觉没有前途，生活没意思了。此时常常表现出抑郁、绝望、无精打采等消极、低沉的情绪。这个时期如果周围的人仔细观察就会发现自杀倾向者的状态不一样，从而捕捉到自杀倾向者的一些信息。当然，有的自杀倾向者为了掩盖自己低沉的情绪往往装得很镇静。但是经过仔细观察也会发现一些蛛丝马迹。

第五步是采取一定的行为结束自己的生命。自杀倾向者在实施自杀的过程中，有的会表现出激烈的思想冲突，充满死与不死的心理冲突。但最终由于笼罩在绝望等消极情绪中，缺乏必要的社会支持而走上自杀的道路。

（2）自杀的心理兆头。

一般自杀有一个心理冲突、心理斗争的过程。很少有人遇到挫折后即刻自杀，都是在经过思想的冲突，心理的痛苦，感到对生活失去希望后，在绝望的心态下才会自杀。掌握一些自杀的心理兆头，就能挽救一些试图自杀的人。自杀的心理先兆表现多种多样，通常表现在以下几个方面。

第一，抑郁。脸上失去了往日的笑容，失去了往日的快乐，心事重重，无精打采。

第二，自我评价降低。总感觉自己不行，没有什么前途，没有什么希望。

第三，兴趣减低。有自杀倾向的人，对平日自己喜爱的、愿意去做的事情也不感兴趣了。一个人对自己平时最喜欢、最感兴趣、最热爱的事物突然毫无兴趣、毫不关心，这是自杀最敏感、最严重、最有预测效果的征兆。由于自杀倾向者的亲人朋友接触他们最多，最易觉察这些危险信号，亲人朋友发现这些危险信号时，要不失时机地采取有效的心理社会支持，把温暖送给自杀倾向者。要用同情心关心他，一刻也不能离开他，要不惜一切的时间和精力，陪伴在他的身边，这是他人在帮助自杀倾向者时可以采取的最有效、最得力、最关键的措施。同时，要根据自杀倾向者的实际困难进行科学分析，真正解决他的实际困难与实际困惑，这也是帮助自杀倾向者脱离自杀的有效方式。这两条是预防自杀最紧急、最迫切的对策。

除了上述几项预防自杀最紧急的措施以外，还要有预防自杀的心理对策。对学生来说，预防自杀的心理对策包括：第一，树立正确的世界观、人生观与价值观；第二，培养良好的性格；第三，培养良好的应对方式。

对于学校来讲的心理对策包括：从学校方面来看，积极推行素质教育，努力提高学生的心理素质，提升学生的心理健康水平，对预防自杀是极其重要的。学生的心理素质水平高，心理健康水平就高，在温室里长大的花草是经不起风浪的。我们不仅要让孩子会学习，还要让孩子会生活，会面对挫折。我们不仅要教孩子学知识，还要教孩子在学习的过程中如何应对挫折。

学校要积极开展心理健康教育和心理咨询活动，对提高学生的心理素质、提升学生的心理健康水平、预防自杀也有十分重要的意义。

在学校，要大力普及心理教育和心理咨询，消除学生对心理咨询的种种误解。学校的心理咨询是预防自杀的非常重要的社会支持系统。

从家庭教育方面预防自杀十分重要。作为父母首先要教育孩子学会做人，不要把分数看得太重，不要制定超越孩子实际能力的学业目标，不要规定考试的分数，不要规定考试的名次，减轻孩子的学习负担，从而减轻孩子的心理压力。

父母是最了解自己孩子的，是最容易察觉出来孩子心态变化的。因此，父母一旦发现孩子有违反常态的心理表现要加以警惕，与孩子进行心灵沟通，多做心理疏导，帮助孩子建立信心，克服困难，而不是在孩子遇到困难的时候冷嘲热讽，甚至打骂。

对于那些有自杀念头的孩子，父母的亲情可以温暖他冰凉的心，可以融化他冰凉的心灵积雪，把他从悲观失望中拉回到充满阳光的大道上来。相反，冷嘲热讽就会加速把孩子推向自杀的绝路。

人生能有几多愁——改变人生忧愁烦恼的心理模式

世人心态忧愁多于快乐。短暂人生不过百年，却心怀千古愁。然而，在人生道路上，有些人生活中充满了快乐。他们能在平凡的生活中感受到快乐，体验到快乐，享受到快乐。

清朝著名画家高桐轩的十乐养生之道颇有见地。他把每种乐都做了注释。

（1）耕耘之乐：耕耘虽劳体肢，然颇健身心。伏案一日，把锄半天，既享田家之乐，又能健壮人身；既不忘耕耨之劳，又有秋收丰食之望，何乐不为？

（2）把帚之乐：把帚扫地，洗桌净几，躬身举手之劳，则尘垢顿去，地净窗明，精神一快，乐趣即寓其中。

（3）教子之乐：幸生陋巷，周邻皆无科名之望，吾教子以诗文书画，各徇其意，惟禁学举子业。倘子弟朴实长厚，能以艺立身，自食其力，令吾无忧于后，岂不快乐。

（4）知足之乐：吾生为卑工画匠，远不若贵为卿相，富盈百万之禄食；然较吾困苦者何止千百。以此退想，公卿不足为贵，而安贫乐道，吾爱吾业，岂不一乐。

（5）安居之乐：吾所居，里人多忠厚淳朴之力作以食庄稼汉，言行实诚，和睦为习。居此仁厚乡里，不闻酷吏之呵斥厉声，亦一大乐。

（6）畅谈之乐：田间把锄，劳而歇于地头，与野老田夫纵谈天下世外事，或测天气晴雨，或卜年景丰歉，袒胸畅谈，其乐陶陶。

（7）漫步之乐：饮不可过量，饭不可过饱。酒饭用量过多，未免令人昏沉，作画亦然，时久则疲，宜起身散步于中庭，或漫游于柳岸花畦，心神焕然爽朗，襟怀为之一畅。

（8）沐浴之乐：冬月严寒不宜频浴，余三季皆当常浴，暖水温和，反复淋洗，遍身轻爽，活动经脉，有健身心，真乃一乐事也。

（9）高卧之乐：每至炎暑伏天，白昼不宜作课，竹枕蒲席，北窗高卧，薰风吹来，五内生凉，合目养神，养精蓄锐正此时，亦劳者之一乐也。

（10）曝背之乐：冬日天气暖和，每至日中，或坐场上，或倚北墙，每日晒之，如披狐裘，通身温暖，畏寒缩冷之感顿消，既活人筋血，又强人皮骨，其乐不可不知。

8.1　正确的价值观

价值观，它反映人对客观事物的是非与重要性等的评价。人在生活中，对各种各样的事物，例如劳动、工作、学习、贡献、成就、享受，在心目中都存在着主次、是非等不同看法。

在同样的客观条件下，具有不同价值观的人的苦乐观也是不尽相同的。

由于人们追求的价值不同，情绪表现也有所差异，有的人会从别人觉得苦的事情中找到乐趣。这也就是为什么有些事情在别人看来已相当满意而在当事人看来却并不满意，甚至郁郁不乐。

一般来说，利于社会的价值观比单纯极端个人主义的价值观获得的快乐要多得多。建立适应社会进步，合乎人的心理健康、排除忧愁的心理模式，很重要的一个因素就是要顺应社会的发展，适应社会道德和国家法律，建立正确的价值观。

8.2 良好的个性特征

人的个性是在生活实践以及主观和客观相互作用的条件下逐步形成的。人的个性是极其复杂的心理构成物。它有不同的侧面，具有不同的特征。

每一个人在情绪特征方面都带有个性特点，主要表现在情绪活动强度、稳定性、持续性和愉快度等方面，这称为情绪的个性特征。

（1）情绪活动的强度。不同的人对同样的事物的情绪活动不同。有人体验着很重的忧愁，有人则体验着轻微的忧愁，这就是情绪活动强度的个体差异。

（2）情绪活动的稳定性。在相似的生活实践中，有人情绪比较稳定，有人情绪比较容易出现波动。

（3）情绪活动的持续性。同样情景下产生的情绪活动，有的人情绪活动持续时间比较长，对身心状态、学习、工作和生活的影响也比较大。有的人情绪活动持续的时间比较短，对身心状态、学习、工作和生活的影响也比较小。

（4）主导心境。主导心境指的是心境在一个人身上的稳定表现。

所谓心境，是一种比较微弱但又持久并具有感染性的情绪状态。人的心境是多种多样的，既有忧愁悲伤，也有喜悦愉快；既可能是萎靡不振，也可能是朝气蓬勃。但心境的共同特点是，具有感染性，使人在较长时间内的社交活动带着心境的情绪色彩。

培养青少年积极的、乐观的主导心境，对于消除忧虑，建立乐观、愉快的情绪模式是非常必要的。人生就是奋斗的过程，人生就是在克服困难中前进的。在克服困难的过程中，必然会伴随不同的情绪反应。要逐渐培养青少年用一种积极乐观的态度对待困难，面对生活。在生活实践中，逐渐树立积极、乐观的主导心态。这对他们的身心健康，对他们学习、生活质量的提高都大有益处。

8.3 积极的认知评价

由于认知评价不同，同一个人在不同时期对同一刺激也可能产生不同的心理与生理反应。

人的个性心理特征与人对环境刺激的认知评价有很密切的关系。个性心理特征开朗、坚定的人，较能适应环境刺激，生理心理反应适度；而性情抑郁、孤僻的人，则易受环境刺激，引起消极的生理心理反应。

8.4 社会支持

人在受到应激原作用时，可能会产生或多或少的模糊认识，或对应激原的评价不准确，而社会支持能促进受应激者比较正确地认识应激原，能比较客观地评价应激原。

受应激者对应激原的正确认识，能够改变受应激者的消极情绪如焦虑、不安、惊恐、悲观等情绪反应，从而减轻应激原对心理的负面作用，减轻心理压力，减少生理反应。

社会支持对缓解人的惊恐反应，起着关键的作用。一般来说，人患重病，心情大多是焦虑不安的。社会支持对于改变病人的焦虑情绪往往起到药物等医疗措施达不到的作用。

人在强烈的应激原作用下，常常感觉力不从心、无能为力、不知所措。在这种情况下，社会支持在动员和发挥受应激者生理上和心理上的能动因素，常会得到明显的甚至立竿见影的效果。

8.5 应激原的质和量

类似自然环境的刺激、社会环境的刺激和自身环境的刺激等，凡能引起人的心理压力、精神紧张的刺激称为应激原。

引起人紧张的应激原有很多。从环境角度，即应激原的来源角度划分，可分为三类心理应激原。

（1）自然环境和人工环境的应激原。如今，台风、地震、水灾、旱灾、天气过热和过冷、环境污染、噪声、住房拥挤等都已普遍成为心理应激原。

（2）社会环境的应激原。物价上涨、工作压力、职工下岗、生活压力、人际关系紧张、假冒伪劣、夫妻关系不和、离婚、亲友病故、恐怖事件等都已普遍成为社会应激原。

（3）自身环境的应激原。重病、疑难病、慢性疾病、药物中毒、食物中毒、期待过高等都已普遍成为自身的应激原。

应激原是客观存在的，是不以人们的意志为转移的。但是应激原引起的心理紧张程度是受人的认知评价制约的。为了减少应激原对人的心理紧张的作用，建立良好的认知评价倾向至关重要。认知评价的倾向可分为两种，一种是光明性的认知评价倾向，一种是黑暗性的认知评价倾向。具有光明性认知评价倾向的人，能够正确对待和评价应激原的作用，采取正确有效的应对方式去处理应激原，以冷静的、乐观的、进取的态度去对待和处理生活事件，以减轻生活事件对心理的压力，以及生活事件对身心健康的影响。

可以简略地说，良好的心理模式，与正确的价值观、良好情绪个性特征、光明性的认知评价、高社会支持度和应激原密切相关。换句话说，良好的情绪是随着个人的正确的价值观、良好情绪的个性特征、光明性的认知评价、高社会支持度与应激原的变化而变化的。同一个人在不同的环境中会出现不同的心理情绪反应，不同的人在同一环境中也可能会出现不同的心理情绪反应。

9 中医对医学心理学的贡献

9.1 医学心理学

医学心理学是心理学的一个重要分支，它是把心理学的理论、方法与技术应用到医疗实践中的产物。医学心理学是心理学与医学的交叉，是医学与心理学结合的边缘学科。它既具有自然科学性质，又具有社会科学性质。医学心理学研究的对象主要是医学领域中的心理学问题，即研究心理因素在疾病病因、诊断、治疗和预防中的作用。

人不仅是一个单纯的生物有机体，也是一个有思想、有感情、从事着劳动、过着社会生活的社会成员。人的身体和心理的健康与疾病，不仅与自身的身体因素有关，也与人的心理活动和社会因素有密切联系。临床实践和心理学研究证明，有害的心理因素也能引起人的身心疾病。与此相反，物质因素（例如药物等）能够治疗人的身心疾病，而良好的心理因素与积极的心理状态能够促进人的身心健康或作为身心疾病的治疗手段。

医学心理学不仅具有理论意义，而且具有重要的实践意义。运用心理学的理论与方法探索心理因素对健康与疾病的作用方式、途径与机制，可以更全面地阐明人类躯体疾病与心理疾病的本质，协助医学揭示人类维护健康、战胜疾病的规律，寻找诊断、治疗、护理与预防人类疾病的更全面、更有效的方法，提高医疗水平，促进人的身心健康。

广义的医学心理学研究内容十分广泛，分支也很复杂。医学心理学分为下面几个分支：

临床心理学，又称治疗心理学，研究在医疗过程中有关诊断、治疗、护理的心理问题，并且应用心理诊断和心理治疗的理论与技术为临床实践服务。

病理心理学，又称变态心理学，研究病态的心理现象，包括人的认识活动、情感活动、意志活动和人格等方面的异常表现，探讨病态心理的发生、发展的规律。

心身医学，主要研究社会—心理因素引起的心身障碍，重点研究心身疾病的发病机制、治疗和预防的问题。

神经心理学，研究高级神经活动机能与行为之间的相互关系和相互作用，采用神经心理学的测验方法为测定和诊断脑的局部病灶提供依据。

心理诊断学，使用各种心理测验的方法，对人的感知觉、记忆、思维、情绪、兴趣、人格特征进行鉴定，为疾病的诊断提供心理学依据。目前临床上常用的是智力测验与人格测验。

心理治疗，研究医务人员如何通过思想情绪、语言与行为影响病人的心理，从而达到治疗的目的。

心理卫生，又称精神卫生，探讨培养健全人格，提高心理健康水平，防止心理疾病的心理学问题。

9.2 心理因素的内容

心理因素包括心理过程与个性两个方面。心理过程是由认识过程、情绪过程和意志过程构成的。个性包括个性倾向性与个性心理特征。

认识过程包括感觉、知觉、记忆、思维与想象。感觉是人脑对客观事物个别属性的反映。例如，当一个人在接触外界时，通过眼、耳、鼻、舌、皮肤等器官反映外界事物的个别属性，如颜色、声音、气味等。感觉可以分为两大类，一类是反映外界事物个别属性的感觉，例如视感觉、听感觉、嗅感觉、味感觉、肤感觉等；另一类是反映人体自身各个部分的内在想象的感觉，例如运动感觉、平衡感觉、机体感觉等。知觉是人脑对客观事物的属性的整体反映或关系反映。如人从颜色、气味、形状等认识一个苹果的过程，就是知觉过程。人脑对物体在空间内形状、大小、远近、深度和方位的反映称为空间知觉。时间知觉是认识外界物体时间特性（延续、顺序）的知觉。运动知觉是认知外界物体移动的知觉。记忆是能够记住感知过或思维过的事物，并在它再次出现或重新呈现时依然认识的过程。现代心理学引用信息论的概念，认为记忆是信息的输入和加工、信息的储存以及在需要时提取和输出的过程。思维是人的高级认识过程，它是人脑对客观事物间接的与概括性的反映。想象是人脑通过加工过去感知过的形象所产生的一种新的形象。想象是人所特有的对客观事物的一种反映形式。想象能够冲破时间与空间的限制，做到“思接千载”“视通万里”。

人在认识客观事物的时候，总带有一定的态度，心理学把人们对客观事物态度的体验称为情绪。情绪虽然也是人对客观现实的一种反映形式，但它不同于认识过程。认识过程反映客观现实本身，而情绪反映客观现实与人的需要之间的关系。这种态度的体验可以分为两类，即根据客观事物是否符合主体的需要分为满意与不满意的情绪，或肯定与否定的情绪。狭义的情绪是指比较低级的、与机体的生物需要相联系的态度体验。广义的情绪包括情感。情感是与高级的、社会的与行为的社会评价相联系的态度体验，例如义务感、责任感、爱国主义情感等。一般说来，可把情感分为理智感、道德感、美感。心理因素对人的身心健康与疾病的影响主要是通过人的情绪发挥作用的。

意志是人自觉地确定某种目的并支配其行动以实现预定目标的心理过程。意志行动的心理过程分为两个相互连接阶段：采取决定阶段和执行决定阶段。

个性倾向性指的是人在与客观世界的相互作用中，形成的对事物的态度与趋向。一个人在生活实践中形成的需要、兴趣、信念、理想与世界观，反映出个性的倾向性。个性倾向性不仅对改造客观世界有重要作用，而且对人的心理活动和身心健康也有很大的影响。需要是人对一定的客观事物的需求。动机是激发人行动的主观动因，是个体发动和维持行动的一种心理状态。动机产生于需要。需要与动机对人的行为与身心健康有很大影响。兴趣是人积极探索某种事物的认识倾向。理想是人与其奋斗目标相联系的一种积极想象。信念是人从事活动的精神支柱，是人对事物确信的看法。信念的动摇与瓦解，可造成人的精神崩溃。世界观是人对整个世界总的态度与看法，是人的个性与行为的最高调节者。信念与世界观对人的身心健康有重要的调节作用。

个性心理特征包括人的气质、能力与性格等。气质就是通常人们所说的性情、脾气。心理学认为气质是人典型的、稳定的心理特征。心理学把人们能够顺利完成某种活动的心理特征称作能力。性格是人对客观现实的稳固的态度以及与之相适应的习惯的行为方式。人的气质与人的性格对人的健康与疾病也存在一定的影响。

9.3 祖国医学对医学心理学的贡献

9.3.1 祖国医学在心理致病方面的贡献

祖国医学认为各种各样的原因都可以引起疾病，更认为心理因素在疾病的发生中占有重要的地位。祖国医学中的七情（喜、怒、忧、思、悲、恐、惊）即是心理因素。它强调，七情失调即七情过于波动或持续过久便可使阴阳失调、气血不和、经络阻塞、脏腑功能失调而患病。正如《素问·举痛论》所指出，情志变化能使气机发生紊乱。即怒则气上，喜则气缓，悲则气消，恐则气下，惊则气乱，思则气结。祖国医学还认为，心是五脏六腑的主宰，“心藏神”。故七情中任何情志失调都可伤心，而心伤则导致其他脏腑功能失调。《灵枢 · 口问篇》曾指出：“悲哀忧愁则心动，心动则五脏六腑皆摇。”这就充分说明心理因素的致病作用。

祖国医学认为七情内伤致病的观点，对全面分析病情有重要意义。祖国医学还对多种疾病产生的原因做了具体分析，强调不良心理因素的刺激为致病的内因。如《灵枢 · 癫狂篇》指出：“狂者多食，善见鬼神，善笑而不发于外者，得之有所大喜。”这说明祖国医学早已认识到心理因素对精神病的致病作用。祖国医学还认为心理因素与疾病有密切关系，认为气血壅滞则痛，气血通畅或壅滞与人的情志有关，故有“心寂则痛微，心躁则痛甚”的论述。祖国医学对小儿的先天性癫痫与其母在怀胎时的精神因素有关的问题也早有论述。《素问 · 奇病论》指出：“在母腹中时，其母有所大惊，气上而不下，精气并居，故令子发为癫痫也。”

还应指出，祖国医学不但认为外界环境的刺激可引起情志异常，还认为内脏气血的病变也会导致情志异常。《素问 · 调经论》指出：“血有余则怒，不足则恐。”《灵枢 · 本神篇》指出：“肝气虚则恐，实则怒”，“心气虚则悲，实则笑不休。”祖国医学特别重视内因中的精神因素在肿瘤发病中的重要作用。《素问 · 通评虚实论》认为，食道癌是“膈塞闭绝，上下不通，则暴忧之疾也”。《医学正传》认为，乳腺癌“多生于忧郁积愤中年妇女”。

总之，祖国医学认为疾病的产生大多数和情志失调有着密切的关系，这为研究疾病的产生原因提供了重要的心理学依据。

9.3.2 祖国医学对心理诊断的论述

祖国医学诊断疾病的独特方法是望、闻、问、切四诊，为实施准确的治疗手段提供确切的依据。精神因素在四诊中占有重要的地位。

望诊，是指医务人员通过视觉观察患者的神色、形态变化来分析病情。古人所说的神色，包括精神状态和面部气色方面。这对诊断疾病很重要。祖国医学对此有着深刻的论述。《灵枢 · 平人绝谷篇》指出：“五藏安定，血脉和利，精神乃居。”这说明五脏之精是“神”产生的基础，精全才能神旺。《素问 · 汤液醪醴论》指出:"精气弛坏，营泣卫除，故神去之而病不愈也。"由此可见"失神"是五脏气血亏虚的征兆。形健则神旺，形衰则神备。《内经》认为：五脏六腑之精气，皆上注于目。所以，情绪安定、心胸开朗的人双目必然神采内含，炯炯有神，气色润泽。这才称得上"得神"。反之，如果病人的眼睛无精打采，目暗睛迷，则目失神。如果病人沉郁、呆钝，则多是情志病。烦躁不安多见热病等。因此，临床上根据病人的表面神色、语言、动作、行为等来作为望诊的标志。

闻诊，是指通过医务人员的听觉和嗅觉来诊察病人的语言、呼吸、咳嗽、呻吟等声音、气味变化来推断疾病。人的情绪与声音变化有密切关系，一般情况下，喜时发声欢悦而散，怒时发音愤厉而急。长吁短叹可能是情志不舒畅所致。人的情绪变化又与五脏气血的盈亏有直接关系，五脏有五志即五声、五音、五臭，故五脏如果发生病变，声、音、臭也随即发生变化。如心痛气动则为噫，神有余则笑不休，神不足则悲，病气在肝则多言。肺气虚则恐惧而呻。脾气虚则多虑低吟等。所以，祖国医学用声音变化来辨证疾病是不无科学根据的。

问诊，在四诊中是非常重要的环节。这是医务人员通过病人的主诉来了解病人的发病经过及自觉症状。问诊的内容十分广泛，包括病人的生活习惯、饮食起居、精神境界、发病始末等。只有详细查询病情，才能洞悉真情，以便于病因的诊断。《内经》认为:"凡欲诊病者，必问饮食居处，暴乐暴苦，始乐后苦，皆伤精气，精气竭绝，形体毁沮。"所以，欢乐与痛苦都可损伤精气与形体。有如健忘，多为心肾不交、心气不足、思虑伤脾等所致。抑郁不舒多由情志不遂、多思善虑所致。《素问·征四失论》指出:"诊病不问其始，忧患饮食之失节，起居之过度，或伤于毒。不先言此，卒持寸口，何病能中。"所以，医务人员问诊时一定要耐心倾听病人陈述病情，根据病人所述来分析病情，作出准确的判断。

切诊，是指医务人员通过切脉与触诊来诊断疾病。祖国医学认为七情内伤所引起的内脏功能变化均可在脉象上有所反映。《医学入门》中就记载了七情异常与脉象的变化。"喜则伤心脉必虚"，即喜气缓，脉虚必散。"思伤脾脉拮据"，即思则气凝，脉短而结。"忧伤肺脉必涩"，即忧则气滞而脉沉。"怒气伤肝脉定濡”，即怒则气逆而脉濡。“恐伤于肾脉沉是”，即恐则气下，怯而沉脉。所以，我们可以通过切脉所得情况来判断人体脏腑的功能情况，以辨别疾病的性质，结合望、闻、问三诊作出诊断。

祖国医学还从脉象的变化来推测七情内伤及病症。《素问·大奇论》指出：“肝脉骛，暴有所惊骇。”《医学入门·肝脉诊法》指出：“微弦胆惊”，即脉初微弦主胆腑受惊。“沉数郁怒苦生疮”，即沉数善郁善怒，肝火妄动。多生疮疖痈疽。

9.3.3 祖国医学对于心理因素在治疗方面的贡献

祖国医学非常重视心理因素在治疗疾病中的特殊作用。《素问》指出：“精神不进，志意不治，病乃不愈。”也正如李中梓所说：“境缘不偶，营求求遂，深情牵挂，良药难医。”强调医务人员在给病人治病时首先要从精神上开导他们，使患者树立起战胜疾病的信心。《黄帝内经·灵枢·师传》就有记载：“人之情，莫不恶死而乐死，告之以其败，语之以其善，导之以其所便，形之以其所占，开之以其所苦，虽有无道之人，恶有不听者乎。”

祖国医学强调要根据病人的不同心理因素确定不同的治疗方法。心理治疗的形式主要有下面几种：

说理开导式心理治疗。其起源于《内经》，包括四个方面的内容。一是“告之以其败”，即使病人认识疾病的危害，以便引起注意，认真对待疾病。二是“语之以其善”，即要求病人配合医务人员，及时准确地治好病。三是“导之以其所便”，即告诉病人应该怎样进行调养和采取什么措施进行治疗。四是“开之以其苦”，即医务人员要想办法消除病人的消极心理状态。这种心理治疗的方式就是强调医务人员首先要从思想上开导患者，使其对疾病的危害有正确的认识，增强战胜疾病的信心。

以情胜情的心理治疗。这种心理治疗起源于《素问·阴阳应象大论》，其强调“怒伤肝，悲胜怒”，“喜伤心，恐胜喜”，“思伤脾，怒胜思”，“忧伤肺，喜胜忧”，“恐伤肾，思胜恐”。这充分说明祖国医学强调以情胜情的辨证论治方法。实践也证明这种方法治疗情绪疾病是很有效的。

惊式心理治疗。利用精神刺激使人体生理机能的失调得以治疗。如《灵枢·杂病篇》提出治疗一般功能性呃逆的方法：“哕，……大惊之，亦可已。”

这些治疗方式为现代心理治疗提供了丰富的经验。祖国医学在治疗疾病中还强调病人与医务人员相配合以及医务人员的精神状态与医疗作风对病人都有影响，这些对充分发挥医务人员和病人的积极性有很重要的现实意义。

9.3.4　祖国医学对于心理因素与预防疾病方面的贡献

《素问·四气调神大论》指出："是故圣人不治已病，治未病，不治已乱，治未乱。"这是祖国医学的一个重要特点，即防患于未然，灭病于早发的预防思想。在以预防为主的思想指导下，创造具有民族特色又行之有效的一套摄生方法。

摄生的主要内容是调摄精神，以增强人体的健康。调摄精神强调要保持情绪稳定和精神愉快，防止过激的情绪变化。正如《素问·上古天真论》所说："恬惔虚无，真气从之，精神内守，病安从来？"气功就是祖国医学以调摄形神为特色的一种创造。它的特点就是使病人在练功时有意识地摒除杂念，通过放松、调息和意守三个主要环节对神经－内脏进行自我锻炼，达到祛病健身的目的。

祖国医学在疾病的预防中还非常重视生理卫生与心理卫生的结合。如认为产妇临产时的精神状态与分娩的环境及接生人员的举止言行都对产妇的顺利分娩有很大的影响。孙思邈在《千金方·难产论》中指出："凡产妇第一不得匆匆忙怕"，"旁人极须稳审，皆不得预缓预急及忧悒，忧悒则难产"。《产妇心法》中也强调："房中宜静，不可喧闹，旁人不可交头接耳，免得产妇心疑。"这都充分说明了心理因素在祖国医学的防病学中占有很重要的地位。祖国医学关于心理因素在预防疾病中的作用的论述，为现代预防工作提供了丰富的经验。

10　增强心理健康

10.1　健康的定义

人的健康包括身体健康与心理健康两个方面。一个人身体与心理都健康才称得上真正的健康。我国著名医学家傅连暲认为健康的含义包括以下四个因素：①身体各部位发育正常，功能健康，没有疾病；②体质坚强，对疾病有高度的抵抗力，并能刻苦耐劳，担负各种艰巨繁重的任务，经受各种自然环境的考验；③精力充沛，能经常保持较高的效率；④意志坚定，情绪正常，精神愉快（这虽和思想修养有关，但身体是不是健康对它也有很大的影响）。联合国世界卫生组织对健康的定义是，健康是指不但没有身体疾患，而且有完整的生理、心理状态和社会适应能力。

目前，无论是健康人、病人还是医务人员，大多数在不同程度上忽视心理健康。这给人的健康水平与医疗效果都带来了消极的影响。例如，在现实生活中，人们往往重视营养，而忽视饮食时心理因素所起的作用。人们注意身体的锻炼，而不重视心理的锻炼，甚至不知道什么是心理健康以及如何锻炼。在临床实践中，有些医务人员在病因上，重视病毒、感染等因素，却忽视疾病导致的心理因素的作用；在诊断上重视物理诊断等，忽视心理诊断；在治疗上重视药物治疗，忽视心理治疗。其实，身体健康与心理健康是同等重要的。二者是相互联系、相互制约的。身心两方面的健康是相辅相成的。

既然心理健康是人的健康不可分割的重要方面，那么什么是人的心理健康呢？

人的生理健康是有标准的，人的心理健康也是有标准的。不过人的心理健康的标准不及人的生理健康的标准具体与客观。

国外学者们对心理健康的标准作了一些表述。例如，英格里士认为："心理健康是指一种持续的心理情况，当事者在那种情况下能做良好适应，具有生命的活力，而能充分发展其身心的潜能；这乃是一种积极的丰富情况。不只是免于心理疾病而已。"麦灵格尔认为："心理健康是指人们对于环境及相互间具有最高效率及快乐的适应情况。不仅是要有效率，也不仅是要能有满足之感，或是能愉快地接受生活的规范，而是需要三者兼备。心理健康的人应能保持平静的情绪，敏锐的智能，适于社会环境的行为和愉快的气质。"马斯洛认为，心理健康的人要具备以下品质：①对现实具有有效率的知觉；②具有自发而不流俗的思想；③既能悦纳自身，也能悦纳他人；④在环境中能保持独立，欣赏宁静；⑤注意哲学与道德的理论；⑥对于平常事务，甚至每天的例行工作，能经常保持兴趣；⑦能与少数人建立深厚的感情，具有助人为乐的精神；⑧具有民主态度，创造性的观念和幽默感；⑨能经受欢乐与受伤的体验。

人的心理健康包括以下七个方面：智力正常、情绪健康、意志健全、行为协调、人际关系适应、反应适度、心理特点符合年龄。

了解与掌握心理健康的定义对于增强与维护人们的健康有很重要的意义。人们掌握了健康的标准，以此为依据进行心理健康的自我诊断，当发现自己的心理状况某个或某几个方面与心理健康标准有一定距离时，就有针对性地加强心理锻炼，以期达到心理健康水平。如果发现自己的心理状态严重地偏离心理健康标准，就要及时求医，以便早期诊断与治疗。

10.2 心理健康的标准

10.2.1 心理健康的智力标准

通俗地说，智力就是人的脑筋灵不灵。智力、智能、智慧，虽然用词不同，但其含义都是指人的聪明才智。从心理学来看，智力指的是人的认识能力与活动能力所达到的水平。智力主要是由观察能力、记忆能力、思维能力、想象能力与操作能力构成。

智力是人们正常生活、学习、工作的最基本的心理条件，智力是人们与自然环境和社会环境保持动态平衡的心理保证。因此，智力是衡量人的心理健康最重要的标准之一。

一般来说，根据人的智力发展水平，可把人的智力分为超常、一般、落后。智力超常与智力落后在人群中占少数，大多数人的智力是一般水平。智力超常指的是智力超出一般人的水平。智力超常可以分为两类：一类是智力相对比较全面超常；另一类是特殊才能的超常，例如在数学、技术、外语、体育、音乐、绘画等特殊领域表现出超群出众的才能。在智力超常人群中，前一类占的比例较小，后一类占的比例较大。智力超常与智力一般都属于智力正常的范围，都达到了心理健康智力标准的基本要求。换句话说，人群中的大多数人智力都符合心理健康的智力标准。智力落后属于智力不正常的范围，达不到心理健康的智力标准。智力落后在人群中虽然是少数现象，但由于他们心理不健康，会给家庭与社会带来很大的负担。

国外心理学家通常用智力测验来测量人的智力发展水平。一般来说，智商低于60，属于智力落后。在日常生活中，判断智力是否正常最简便的方法有两个：一是与同年龄的大多数人智力发展水平相比较；二是能否基本适应生活、学习与工作。如果一个人智力发展水平比同年龄大多数人落后得多，就应进一步诊断智力是否正常。同样，如果一个人无法基本适应生活、学习与工作，也应进一步明确智力是否正常。

10.2.2 心理健康的情绪标准

（1）心理健康的情绪标准包括四个方面的内容。

情绪是由适当的原因引起的：欢乐的情绪是由愉快的事情引起的；悲哀的情绪是由不愉快事件或不幸的事情引起的；愤怒是由挫折引起的。一定的事物引起相应的情绪是情绪健康的标准之一。如一个人受到挫折反而高兴，受人尊敬反而愤怒，是情绪不健康的表现。

情绪的作用时间随客观情况变化而转移：在一般情况下，引起情绪的因素消失之后，其情绪反应也会逐渐消失。例如，孩子偶尔不慎摔碎了一个碗，母亲当时可能会生气，事情过后也就不生气了。如果几天都还在生气，甚至长期生气，这就是情绪不健全的表现。

情绪稳定：情绪稳定表明一个人的中枢神经系统活动处于相对平衡的状态，反映了中枢神经系统活动的协调运转。一个人的情绪经常不稳定，变幻莫测，是不健康的表现。

心情愉快：这是情绪健康的另一个重要标志。愉快表明人的身心活动的和谐与满意。愉快表示一个人的身心处于积极的健康状态。一个人经常情绪低落，总是愁眉苦脸、心情郁闷，则可能是心理不健康的表现。一个人在生活的道路上难免遇到挫折或不幸，例如亲友的病故，情绪悲哀，这当然是正常的情绪反应。

（2）培养良好的情绪。

愉快的、稳定的情绪是身心健康的重要心理条件。抑郁的、不稳定的情绪在一定条件下可导致身心疾病。因此，培养良好的情绪对增强身心健康、防治疾病是很重要的。

要热爱生活、热爱工作：一个人对生活的意义有正确的认识，就会热爱生活。往往情绪稳定，充满乐观主义精神。富有事业心、热爱工作的人，在完成一件有意义的工作后，就会体验到满足感与成功感。这种情感有益于身心健康。热爱工作的人，具有强烈的上进心，能避免把精力消耗在生活琐事上，因此精神生活充实，在遇到困难或挫折时，也会正确看待困难，积极克服困难；而那些对工作毫无兴趣的人，整日患得患失，怨天尤人，情绪苦闷。

要正确处理人与人之间的关系：人与人之间的关系最易引起人的情绪变化。人与人之间关系友好，会引起愉快的情绪反应，使人心情舒畅，有利于身心健康。人与人之间关系紧张，会引起不满意、不愉快的情绪反应，使人心情抑郁不快，不利于身心健康。

要善于把心中的积郁倾吐出来，使情绪获得适当表现的机会。如果心理上的冲突引起情绪变化，长期压抑在心中，就可能引发神经系统的疾病。人在情绪苦闷的时候，找知心朋友谈心，倾吐心中抑郁，心情就会平静些。

要善于控制自己的情绪。人的情绪是受人的意识和意志控制的。因此，人要主动地控制自己的情绪，善于驾驭自己的情绪。任意放纵消极情绪滋长，经常发怒，将导致情绪失调，引起疾病。

要培养幽默感：幽默感是调剂人的情绪紧张、适应环境的有力工具。幽默感能缓解愤怒和不安情绪，放松身心。

积极锻炼体魄：人的情绪与人的身体健康有密切关系。一个人身体健康，往往表现为精力充沛、心情开朗。一个人长期疾病缠身，则容易引起抑郁的心情。祖国医学提出的“因病而致郁”，就是对久病或重病而易产生抑郁情绪的生动概括。因此，积极锻炼身体，合理安排生活，适当睡眠是情绪饱满与安定的基础。

10.2.3　心理健康的意志标准

（1）意志品质的内容。

意志是人在完成一种有目标的活动时，所进行的选择、决定与执行的心理过程。人在进行有目的的活动时，总会遇到一些困难，因此人的意志行动总是与克服困难相联系。人的意志行动既表现在克服外部困难，如工作条件差、噪声干扰等；也表现在克服内部困难，如灰心、懒惰、情绪低落等。意志在人的生活、学习与工作中占有重要地位。因此，意志健全与否也成为衡量心理健康的标准。

人的意志品质是衡量意志是否健全的主要依据。人的意志品质包括意志的自觉性、果断性、顽强性与自制力。

意志自觉性是人对自己的行动目的有着正确的认识，并能够主动地支配自己的行动，以达到预期的目标。与意志自觉性相反的是盲目性。若意志行动经常表现出盲目性，即为意志不健全的表现。

意志的果断性指的是一个人善于明辨是非，适当而当机立断地采取决定并执行决定。果断性是以正确的认识和勇敢的行为为特征。具有果断性的人能够全面地认识行动的目的及其达到目的所采取的手段，并且能清楚地预料到行动的后果。与果断性相反的是优柔寡断与草率决定。前者表现为患得患失，举棋不定；后者表现为轻举妄动，懒于思考。意志活动经常表现为优柔寡断或草率决定，是意志不健全的表现。

意志坚持性是指一个人活动的持续度，即在执行决定时，坚持不懈，坚持到底，不达目的誓不罢休。如果经常在意志行动过程中遇到困难就半途而废，这也是意志不健全的表现。

意志自制力是指一个人在意志行动中善于控制自己的情绪，制约自己的语言与行动。自制力主要表现在两个方面：一方面表现在应该行动的时候，善于督促自己坚定地执行决定；另一方面表现为善于在行动中，抑制冲动行为，有效地克制自己。如果一个人经常无法控制自己，经常冲动，也是意志不健全的表现。

（2）培养意志的方法。

为了使自己的心理健康，就要培养自己的意志。意志不是人生来就有的，而是在后天的生活实践中逐渐培养起来的。

树立共产主义世界观与培养无产阶级感情是锻炼意志的重要前提条件。有了正确的世界观就能激励人们克服重重困难，培养坚韧不拔的毅力。

要善于确定自己的目标。有了目标之后，要制订长期的奋斗计划与为实现长期奋斗目标服务的短期具体安排。如果确定的目标是自己力所不及、不能实现的，就会丧失达到目标的信心，无法进行意志锻炼。

优良的意志品质是长期培养出来的，不是一朝一夕所能获得的。因此，锻炼意志要从小开始。在家庭教育与社会教育的作用下，逐步培养良好的意志品质。有心理学家对从小培养意志的重要性进行追踪研究，其研究对象是经过训练、具有坚持性的幼儿和缺乏训练、没有坚持性的幼儿各 100 名。从幼儿期观察到青年期的研究结果表明，前者当中有 84 人有主见、意志坚强，而后者当中仅有 26 人意志比较坚强，证明了从小培养意志的重要性。

要从小事着眼锻炼意志。高尔基说：哪怕是对自己的一点小的克制，也会使人变得坚强起来。冰冻三尺，非一日之寒。一个人的坚强意志是在千百件小事的锻炼中逐步培养出来的。经常在小事上注意锻炼意志，才能在大事上经得起困难的考验。

10.2.4 心理健康的行为协调标准

人的行为是受意识支配的。因此，人的意识与行为是统一的。心理健康的行为协调表现在两个方面：一方面是意识与行为的一致，言行的一致；另一方面是在相同或类似情境下的行为表现是一致的。一个人经常言行一致，表里如一，经常在相似的情境下表现出类同的行为，就符合心理健康的行为协调标准。这样的人，思想与行动是统一的、协调的，思维逻辑性强，说话有条理性，行动有条不紊，做起事来按部就班。

心理不健全的人，思维纷乱，思维时有矛盾，言行不一，经常说的与做的不一致，语言支离破碎，语无伦次，行为矛盾，做事有头无尾或三心二意，处理事情毫无秩序。

思维灵活，行为敏捷是人的良好的心理品质，它与行为不协调是两回事。行为敏捷是受思维灵活所支配的，思维灵活与行为敏捷是统一的、协调的。行为不协调反映了思维与行为的不一致，是思维与行为失调的表现。

一个人行为不协调不能由一两件事的行为表现来判定，而要根据经常的行为表现进行全面分析来判定。

10.2.5 心理健康的人际关系心理适应标准

人生活在社会中，人与人之间会形成各种各样的关系。人际关系包括的范围很广，其中较为重要的是亲子关系、夫妻关系、师生关系、同事关系、朋友关系、亲属关系、上下级关系、个人与集体关系等。一个人能够正确地对待与处理这些关系，就具有了正常的心理适应。如果经常无法正确对待与处理这些关系，即为人际关系的心理失调。

在现代社会中，人际关系的心理适应对人的身心健康的影响很大。人际关系心理适应使人产生安全感、舒适感与满足感，使人情绪稳定，有益于身心健康。而人际关系心理失调的人，往往有一种莫名其妙的不安全感，心情抑郁，影响身心健康。我国著名的医学心理学家丁瓒教授曾经指出："人类的心理适应，最主要的就是对人际关系的适应。所以人类的心理病态，主要是由于人际关系的失调。"原始人的人际关系是非常单纯的。他们的生存条件主要是依系于身体的适应。所以在原始人中发现精神病是很少见的事。如今人际关系越来越复杂，人类的心理适应便不再像以前那样单纯了。人类的心理病态也因此成为引人注意的严重问题了。

当一个人对人际关系心理反应与之前比较有明显变化，而且与一般人的心理反应又有很大的偏离时，就应该引起注意，考虑是否出现了人际关系的心理失调。当一个人渐渐远离亲友，喜欢一个人孤单地生活，可能意味着开始出现人际关系的心理失调。

10.2.6　心理健康的行为反应适度标准

行为反应适度是人的心理健康的一个标志。人与人之间的行为反应是存在差异的。有人反应敏捷，有人反应迟缓。一个人在人生的不同阶段，其反应也是存在差异的。但是反应敏捷与迟缓是有限度的。反应敏捷并不等于反应过敏。反应敏捷是正常的，反应过敏则是异常的。反应迟缓并不等于不反应。前者在一般情况下是正常的，后者则是异常的。

一个人行为反应经常表现为异常敏感与异常迟钝，属于心理变态的范围。例如，一个人经常被蚊子咬了一下，就大喊大叫；听见叩门的声音，就吓得心惊肉跳，这都属于异常过敏的行为反应，是心理异常的一种表现。一个人经常对各种刺激都若无其事，对重大刺激都无动于衷，则属于异常迟钝的行为反应，也是心理异常的一种表现。

人的行为反应异常是有发展过程的，是由逐步偏离正常的行为反应发展而成的。因此，自己在日常生活与工作中，要留心观察与体会自己的行为反应，如果发现行为反应有不适度的倾向，要及时查明原因，予以纠正。

要注意鉴别经常性行为反应异常与一时性行为反应异常。人在情绪激动、注意力高度集中、疲劳与生病的情况下，可能产生异常行为反应，这种异常行为反应是暂时性的；而当情绪恢复平静、疲劳得到恢复、疾病消除后，异常行为反应也就自然消失了。

10.2.7 心理健康的心理特点符合年龄标准

在人的一生中，要经历儿童、少年、青年、中年与老年各个年龄阶段。在一定的社会条件下，人在不同年龄会表现出不同的心理特点。人的心理年龄特征具有一定的稳定性。但是在不同历史时期和社会条件下，乃至同时代同社会而具体生活条件不同的人，其心理特点也有所变化，存在着一定的差异。

儿童、少年、青年、中年与老年各有其对应年龄的心理特点。不同年龄的人，其一般心理特点与其年龄特点基本吻合，这是心理健康的表现。例如，儿童天真活泼，青年人朝气蓬勃，老年人沉着老练，是符合他们各自年龄阶段的心理特点的。一个人的心理特点严重偏离自己所属年龄，往往是心理不健康的表现。一个儿童少年老成，一个青年人老气横秋、老态龙钟，一个老年人天真活泼，都是不符合其年龄特点的，是心理不健康的标志。

一个人的心理特点是否符合其年龄心理特点，不能仅根据一件事的心理表现来判断。情绪激动、心情不佳、疾病等都能影响心理活动，影响人的心理特点。例如，发高烧的儿童很难表现出天真活泼的特点，处于狂喜状态的老年人，也会高兴得手舞足蹈。在这种情况下，就不能认为他们的心理不健康。

11 心理卫生

11.1 心理卫生的理念与原则

人们平时对生理卫生很重视，但很少重视心理卫生，甚至不少人还不知道什么是心理卫生。不少人重视营养，可是不懂吃饭时的心理卫生，虽然吃的东西本身营养很丰富，但由于心情不快，影响消化腺分泌，消化不好。有的人很重视睡眠，但由于不懂睡眠的心理卫生，睡前常看小说使情绪高涨难以入睡。

这些事例说明不少人重视生理卫生，却会忽视心理卫生。其实生理卫生与心理卫生是密切联系，同等重要的，二者相辅相成，缺一不可。

心理卫生也称精神卫生，是研究关于保护与增强人的心理健康的心理学原则与方法的。心理卫生不仅能预防心理疾病的发生，而且可以培养人的性格，陶冶人的情操，促进人的心理健康。

心理卫生的内容是十分广泛的。不同年龄阶段有不同的心理特点，心理卫生的内容也不尽相同。人在不同年龄阶段，各有一定的生理特点与心理特点，并且出现与之相联系的心理问题。根据不同年龄阶段的身心特点，有效地预防一些心理冲突的发生，及时解决一些心理问题是个体心理卫生的主要目标。不同的群体，如家庭、学校、工厂、矿山、部队，生活条件与工作条件不同，心理卫生的内容也不相同。不同群体的心理卫生也很重要。例如，家庭的和睦、夫妻性生活的协调等都可以产生良好的心理影响；同事关系的友好与团结，有助于人们的心理健康。

树立正确的人生观。从青年时代起，人的自我意识开始成熟，能够进行自我评估、自我检查与自我督促，并且能正确评价他人的行为。一个人树立了共产主义世界观就能对社会、对人生有正确的认识，就能科学地分析身边发生的事情，保证心理反应的适度，防止心理反应的失常。

防止与克服心理冲突。主观的要求与客观的限制可引起强烈心理冲突或持续的心理冲突。在一定的条件下，能够引起心理疾病。人在生活、学习与工作中，不可避免地会经常产生心理矛盾，但是要控制其强度不宜过猛，持续时间不要过长。有了心理冲突要设法正确解决，不能消极对待。

参加有益的集体活动。一个人如果经常与集体隔离，不与人交往，容易形成低落的情绪，往往心情抑郁或孤芳自赏，影响心理健康。一个人经常参加有益的集体活动，进行正常而友好的交往，可使人消除忧愁，心胸宽广，心情振奋，精神愉快。

要有自知之明。要了解自己的长处与短处，了解自己的身体健康与心理健康的状况。经常用心理健康的标准来衡量自己的行为，促进心理健康。做任何事都要根据自己的智力等情况量力而行，切不可设置经过努力而无法达到的目标，否则容易遭受挫折，产生心理冲突，使情绪不安，影响心理健康。

此外，保持健康的身体、规律生活、去掉不良嗜好、保持乐观的情绪等都是心理卫生要遵循的原则。

11.2 搞好心理卫生的方法

11.2.1 完善儿童心理卫生

儿童时期是身心发展最迅速、最重要的时期。儿童时期的身体发育、智力与性格发展对日后健康成长影响很大。儿童的健康心理对于锻炼儿童感知觉、记忆、思维、想象与操作能力的发展，提高学习效率，适应外界环境，预防身心疾病等都有十分重要的意义。

在儿童心理的发展、道德品质教育、儿童的游戏与学习、儿童与父母的关系、儿童的营养、睡眠、疾病等方面都存在大量的心理卫生问题。要根据儿童生理与心理的发展特点，采用科学的教育方法，促进儿童身心健康发展。不良教育，违背儿童身心发展规律，影响儿童健康成长。父母对儿童要求过高、过严，使儿童身心负担过重，往往会欲速则不达。有的父母采用打骂、体罚等形式教育儿童，往往易致使儿童形成自卑、胆怯、畏缩、逃避等不良性格，或造成儿童说谎、反抗、逃学、离家等异常行为。父母对儿童溺爱，姑息纵容，易使儿童依赖、撒娇、任性、缺乏自制力、适应能力差。父母对儿童忽冷忽热，易使儿童情绪不稳，敏感多疑。

搞好儿童的心理卫生，特别要做到以下几个方面：

热爱儿童：满腔热情，循循善诱教育儿童，使他们感到家庭、学校与社会的温暖，形成愉快的心情与开朗的性格。当家长、教师与儿童之间有了深厚的感情，儿童就更容易接受大人的教育与指导，并将自己思想、感情的变化告诉大人，不至于把苦闷的情绪压抑在心里。

善于表扬与鼓励：发现儿童的进步，要及时予以肯定与表扬，增强上进的信心。对于儿童在各种活动中出现的缺点与错误，要讲清道理，耐心教育，不能指责、训斥，甚至任意打骂。父母没完没了批评，易伤害儿童的自尊心，使儿童形成自卑、胆怯的心理。

支持儿童参加集体活动：鼓励与支持儿童参加集体活动，增强集体感，陶冶情操，锻炼性格，防止孤独、羞怯心理的产生。

从小培养儿童良好的道德品质：家长与教师要教育孩子遵守纪律、讲文明礼貌、助人为乐、热爱集体等道德品质。身教胜于言教。家长与教师要以身作则，严于律己。

教育儿童安排好生活作息：家长与教师要根据儿童的实际情况，指导儿童安排好起床、吃饭、学习、游戏、睡眠等作息时间，使儿童劳逸结合，保证身心健康。

11.2.2 青年人讲究心理健康的方法

青年人在求学、就业、恋爱与家庭等问题上的心理反应，需要从心理卫生方面予以重视。

青年人观察力比较发达，记忆力强，思维敏捷，想象丰富，操作能力和求知欲望强。但是由于种种原因，大多数的青年人无法进入高等学校继续学习，这会使他们产生种种的心理反应，例如情绪低沉、心绪不安，甚至悲观失望。家庭、学校与社会抓住青年对待升学问题的心理反应，做好工作，使他们情绪稳定下来，走自学成才的道路。

走上工作岗位的青年人，由于刚进入社会，缺乏社会经验，对工作、人际关系等方面的心理适应性较差，可能引起心理矛盾，影响身心健康。有些暂未就业的青年人对个人前途焦虑不安，有的长期依赖家庭，心情抑郁、自暴自弃。因此，要及时解决这些心理问题，解除心理压力。

青年夫妇家庭生活是否和谐对他们的生活、学习与身心健康都有很大影响，因此青年人搞好家庭生活的心理卫生，将使婚姻更加幸福美满、身心更加健康。夫妻心理相容是青年人搞好家庭生活心理卫生的基本内容。观点、信念、情操与感情是否一致是决定心理相容的最基本的因素。周恩来同志与邓颖超同志曾经提出夫妻关系的“八互”，即互敬、互爱、互信、互勉、互帮、互让、互谅、互慰。这是对爱情的心理相容的科学总结。青年夫妻要努力做到“八互”，使爱情更富有价值。

11.2.3 中年人讲究心理卫生的方法

中年是人的一生中的全盛时期，在职业和创造工作方面是最有收获的年龄段。生理机能与心理机能都较稳定，中年人的观察力得到了较好的发展，记忆、思维与想象能力也发展到成熟阶段。中年人创造心理的突出特点是处于人生创造的高峰期。我国中年人是建设社会主义现代化的中坚力量。但是当前我国很多中年人工作压力大，经常处于紧张状态。人的心理保持适当的紧张度，有利于增强心理效率，但是持续处于紧张的状态，在一定的条件下会导致高级神经活动功能失调，记忆力下降，注意力分散，思维迟缓，工作效率降低，甚至出现头昏、耳鸣、失眠等症状。

很多中年人上有老、下有小，对父母疾病担惊受怕，对子女升学与就业操心牵挂，使一些中年人情绪不安，心情抑郁，这种负性情绪给中年人的身心健康带来一定影响。

中年人心身疾病发病率开始增高是这一年龄的特点。现代心身医学认为心理因素特别是情绪因素致病的概率更高。这类疾病被称为心身疾病，包括原发性高血压、冠心病、支气管哮喘、糖尿病等。当前我国有些中年人，特别是有些中年知识分子健康状况较差，这与这一年龄某些疾病发病率升高的特点也是有关系的。

因此重视中年人的心理健康，注意中年人的心理卫生，对于开发中年人的智力资源，增强中年人的创造力，保护中年人的身心健康具有极为重要的现实意义。中年人养成与增强健康心理可以从以下几个方面入手：

情绪稳定而乐观：情绪是对客观事物（包括人）的一种对待活动，是人对客观事物态度的体验。人非草木，喜怒哀乐人人有之。对于中年人来说健全的情绪生活，主要是情绪稳定而快乐。人的情绪都是由一定的原因引起的，中年人工作与生活环境复杂，如果一些琐碎的小事都会引起不满、抑郁等的情绪反应，情绪总是波动很大，一定会影响心理健康与身体健康。为了培养稳定而乐观的情绪，首先是树立正确的人生观。具有共产主义人生观的人就能正确地认识与对待工作与生活中发生的问题，就能保证有适度的情绪反应。其次，要培养幽默感，幽默感能够增加生活趣味，缓和与消除紧张情绪。最后，生活要有规律，这会使人的心理活动富有节奏感，维持稳定的情绪。

建立良好的人际关系：在现实生活中，每个人都与身边的人存在着各种关系。中年人交往的范围更广泛，人际关系更复杂。在人际关系中，健全的心理适应是保证心理健康的重要条件。由于人与人之间的关系是不同的，因此需要不同的心理适应方法。在工作中，积极的心理适应使人心情舒畅，工作协调，工作效率高。在人际关系中，心理适应不健全，往往使人心情消沉，工作关系紧张，工作效率低。在家庭中，积极的心理适应，家庭友好和睦，使人获得亲切感与幸福感，生活充满希望，有助于人的身心健康。在家庭生活中，心理不适应的中年人，往往心情苦闷，心绪不安，甚至情绪暴躁，为一些小事大动肝火。中年人为了建立良好的人际关系，首先要了解自己，正确地评价自己。要了解自己的优点、缺点、长处以及能力、兴趣、性格等。这是建立积极的心理适应的基础。中年人对自己了解越充分，评价越切合实际，在与人交往中，就越能顺利地处理好各种人际关系。否则，可能由于力所不及而失败，引起紧张焦虑的情绪。其次，要了解他人。要了解与自己经常相处的人的特点，包括他的兴趣爱好、工作习惯、生活习惯等，这样与人相处会更融洽。否则，可能因情况不明，使关系紧张，产生心理压力。还应注意积极参加有益的社会活动。参加社会活动，不但可以与人建立友好的人际关系，而且可以开阔眼界和增强心理上的安全感。

11.2.4 老年人讲究心理卫生的方法

老年人的心理卫生内容很广泛，尤其要注意以下几个方面：

老年人工作的心理卫生：对待工作问题，老年人一方面不要过于有紧迫感，否则会形成精神压力，使心理不平衡，影响身心健康；另一方面，不要自暴自弃，无所事事，否则会降低身体上和心理上的功能，加速衰老。

老年人饮食的心理卫生：老年人消化功能减退，因此要特别重视饮食时的心理卫生。老年人常因情绪不安、心情不佳引起肠胃功能失调。因此，老年人吃饭前后，应力求心情平静与愉快，切忌带有生气、忧愁、寂闷等负面情绪。老年人在吃饭时可有意识地利用心理上关于过去美味事物的想象、记忆与联想，来唤起食欲，激发消化系统功能。老年人逢年过节，或碰上爱吃的东西，切忌馋嘴，否则会加重消化系统的负担，可能会诱发消化系统的疾病。

老年人疾病的心理卫生：老年人往往体弱多病。据调查，60 岁以上的退休工人患器质性疾病的人数约占 50%，70 岁以上的人数则高达 65.9%。面对疾病，有些老年人会产生焦虑烦躁、忧心忡忡、悲观失望的情绪，这种精神状态无疑将加速疾病的发展。因此老年人正确对待疾病，是老年人心理卫生的一个重要内容。革命乐观主义精神和坚强的意志是老年人对待疾病的心理卫生最重要的措施。老年人往往担忧和怀疑自己的健康，同时又常常对检查身体有精神负担，担心查出病来增加忧虑。其实，老年人掌握自己的健康情况，才能正确对待，采取适当的保健措施，消除恐惧心理。因此，定期检查身体，不仅能在早期发现隐疾，及时治疗疾病，而且能给老人带来心理上的安全感。

老年人家庭关系的心理卫生：老年人由于疾病，心情不佳，常为一些小事在家里发脾气，造成家庭成员之间关系紧张。家庭关系紧张、不和睦又反向刺激老年人产生恶性的心理，诱发疾病或使病情加重。因此友好和睦的家庭关系对于老年人的心理健康十分重要。老年人与家庭成员心理相容，心理气氛融洽，彼此之间心心相印，生活愉快，有益健康。

老年人退休生活的心理卫生：老年人退休后从习惯的在职生活转到不习惯的清闲生活，往往感到孤单寂寞或精神上无所适从。在这种变化中有些人会因难以适应，诱发疾病或加快衰老。因此，老年人退休后应参加力所能及的工作或社会活动，使精神生活充实。此外，业余爱好例如养鱼、种花等也可使精神有所寄托，忘记忧愁与烦恼。老年人对书法、音乐、绘画等艺术爱好，能够陶冶情操，使情绪平静，有益于身心健康。

12 心理测验——中国中学生心理健康测评与中国成人心理健康测评

12.1 中学生心理健康量表

12.1.1 中学生心理健康量表的产生

笔者从 1995 年起，在对北京 200 多所中学调研的基础上，对北京 30 所中学学生进行心理健康量表的测试与编制。根据中国中学生当前的心理健康问题，编制成中国中学生心理健康量表，该量表是标准化的，信度、效度及检验都达到了心理测验的要求，并建立了年级与性别常模。该量表简便易行。中学生完成这个量表的测试需要 10~15 分钟。

在老师或家长的指导下，可对中学生进行心理健康的测试。测试的结果作为心理健康档案保存下来。如果从初一开始就进行心理健康的测试，每学期一次，到高中毕业就有 12 份心理健康档案，是学生心理健康的重要资料。

现在，很多父母有经常给孩子照相的习惯，特别是孩子过生日时照了很多照片，长期保存，这当然很应该。但是，很少或几乎没有哪位家长把孩子的心理健康测试结果存为档案保存下来。孩子的心理健康水平与孩子的生活历程、孩子的生活质量都有很重要的关系。如果家长能把孩子的心理健康档案长期保存下来，它的意义和作用绝不亚于保存孩子的照片。

笔者建议学校老师定期对学生进行心理健康测试，并把档案保存下来，根据心理健康的测试情况来分析学生的心理与行为表现，有针对性地做好学生心理健康的工作。

学校和老师也要对学生的心理健康进行定期检查，及时了解学生的心理健康状况，采取有效的心理调节方法。掌握学生的心理健康状况，也可以在某种程度上推测学生的学习状况。如果学生的学习成绩和学生的心理健康状况相对应，这是理所当然的。如果学生的成绩和学生的心理健康状况极不相称，要从中分析找出原因，帮助学生既提高心理健康状况又提高学习成绩。

12.1.2 中学生心理健康量表的内容

表 12-1 中学生心理健康量表

<table>
<tr><td>姓名</td><td></td><td>性别</td><td></td><td>年龄</td><td></td></tr>
<tr><td>学校</td><td></td><td>年级</td><td></td><td>班级</td><td></td></tr>
<tr><td colspan="6">指导语：下面是有关你近来心理状态的一些问题，请仔细阅读每一个题目，然后根据自己的实际情况认真填写。每一个题目没有对错之分，请尽快回答，不要在每道题上过多思索。做完问卷之后，由你亲自交给我们，我们为你绝对保密，不要有任何顾虑。</td></tr>
</table>

续表

每个题目后边都有五个等级供你选择。按照程度的高低分别用 1、2、3、4、5 来表示。 注意：①每个题目后只能选一个等级，在相应的数字上画圈；②每个题目都要回答。						
序号	项目	无	轻度	中度	偏重	重度
1	我不喜欢参加学校的课外活动	1	2	3	4	5
2	我心情时好时坏	1	2	3	4	5
3	做作业必须反复检查	1	2	3	4	5
4	感到人们对我不友好，不喜欢我	1	2	3	4	5
5	我感到苦闷	1	2	3	4	5
6	我感到紧张或容易紧张	1	2	3	4	5
7	我学习劲头时高时低	1	2	3	4	5
8	我对现在的学校生活感到不适应	1	2	3	4	5
9	我看不惯现在的社会风气	1	2	3	4	5
10	为保证正确，做事必须做得很慢	1	2	3	4	5
11	我的想法总与别人不一样	1	2	3	4	5
12	总担心自己的衣服是否整齐	1	2	3	4	5
13	容易哭泣	1	2	3	4	5
14	我感到前途没有希望	1	2	3	4	5
15	我感到坐立不安，心神不定	1	2	3	4	5
16	经常责怪自己	1	2	3	4	5
17	当别人看着我或与我辩论时，感到不自在	1	2	3	4	5
18	感到别人不理解我，不同情我	1	2	3	4	5
19	我常发脾气，想控制但控制不住	1	2	3	4	5
20	觉得别人想占我的便宜	1	2	3	4	5
21	大叫或摔东西	1	2	3	4	5
22	总在想一些不必要的事情	1	2	3	4	5
23	必须反复洗手或反复数数	1	2	3	4	5
24	总感到有人在背后议论我	1	2	3	4	5
25	时常与人争论、抬杠	1	2	3	4	5
26	我觉得大多数人都不可信任	1	2	3	4	5
27	我对做作业的热情忽高忽低	1	2	3	4	5
28	同学考试成绩比我高，我感到难过	1	2	3	4	5
29	我不适应老师的教学方法	1	2	3	4	5

续表

序号	项目	无	轻度	中度	偏重	重度
30	老师对我不公平	1	2	3	4	5
31	我感到学习负担很重	1	2	3	4	5
32	我对同学忽冷忽热	1	2	3	4	5
33	上课时，总担心老师会提问自己	1	2	3	4	5
34	我无缘无故地突然感到害怕	1	2	3	4	5
35	我对老师时而亲近，时而疏远	1	2	3	4	5
36	一听说要考试，就感到紧张	1	2	3	4	5
37	别的同学穿戴比我好，有钱，我感到不舒服	1	2	3	4	5
38	我讨厌做作业	1	2	3	4	5
39	家里环境干扰我的学习	1	2	3	4	5
40	我讨厌上学	1	2	3	4	5
41	我不喜欢班里的风气	1	2	3	4	5
42	父母对我不公平	1	2	3	4	5
43	感到心里烦躁	1	2	3	4	5
44	我常常无精打采，提不起精神来	1	2	3	4	5
45	我感情容易受到别人伤害	1	2	3	4	5
46	觉得不踏实	1	2	3	4	5
47	别人对我的表现评价不恰当	1	2	3	4	5
48	明知担心没有用，但总害怕考不好	1	2	3	4	5
49	总觉得别人跟我作对	1	2	3	4	5
50	我容易激动和烦恼	1	2	3	4	5
51	同异性在一起时，感到害羞不自在	1	2	3	4	5
52	有想伤害他人或打他人的冲动	1	2	3	4	5
53	我对父母时而亲热，时而冷淡	1	2	3	4	5
54	我对比我强的同学并不服气	1	2	3	4	5
55	我讨厌考试	1	2	3	4	5
56	心里总觉得有事	1	2	3	4	5
57	经常有自杀的念头	1	2	3	4	5
58	有想摔东西的冲动	1	2	3	4	5
59	要求别人十全十美	1	2	3	4	5
60	同学考试成绩比我高，但能力并不比我强	1	2	3	4	5

12.1.3 中学生心理健康量表的构成

中学生心理健康量表是由 60 个项目组成的，每个项目的评分按 5 级制的评分进行。

包括无、轻度、中度、偏重与重度，并分别按照等级的程度用 1、2、3、4、5 标注。

中学生心理健康量表由 60 个项目组成，又分为 10 个分量表。这 10 个分量表分别为强迫症状、偏执、敌对、人际关系敏感、抑郁、焦虑、学习压力感、适应不良、情绪不稳定、心理不平衡。

60 个项目的分数加在一起除以 60，成为该量表的总均分，即从整体上衡量受试者的心理健康状况。下面我们把 10 个分量表各自包括的项目说明如下。

（1）强迫症状。强迫症状反映受试者做作业反复检查，总爱洗手，反复想一些不必要的事情，总担心自己的衣服穿得是否整齐，总担心考试考不好等心理状况。强迫症状分量表由该量表的第 3、10、12、22、23、48 项组成。

（2）偏执。偏执反映受试者觉得别人在背后议论自己，别人占自己的便宜，别人对自己的评价不适当，对多数人不信任，别人与自己作对等心理问题。偏执分量表由该量表的第 11、20、24、26、47、49 项组成。

（3）敌对。敌对反映受试者经常控制不住自己发脾气，经常与人争论，容易激动，有摔东西的冲动等。敌对分量表由该量表的第 19、21、25、50、52、58 项组成。

（4）人际关系敏感与紧张。人际关系敏感与紧张反映受试者感到别人对自己不友好，感情容易受到伤害，对别人求全责备，和异性在一起感到不自在等心理问题。人际关系紧张。敏感分量表由该量表的第 4、17、18、45、51、59 项组成。

（5）抑郁。抑郁反映受试者感到苦闷，感到前途无希望，经常责备自己，无精打采等。抑郁分量表由该量表的第 5、13、14、16、44、57 项组成。

（6）焦虑。焦虑反映受试者感到紧张，心神不定。心里烦躁、心里不踏实、总觉得心里有事等。焦虑分量表由该量表的第 6、15、34、43、46、56 项组成。

（7）学习压力感。学习压力感反映受试者感到学习负担重，上课怕老师提问，害怕考试，讨厌做作业，不喜欢考试等。学习压力感分量表由该量表的第31、33、36、38、40、55项组成。

（8）适应不良。适应不良反映受试者对学校生活不适应，看不惯社会风气，不适应老师的教学方法，不适应家里的学习环境等心理问题。适应不良分量表由该量表的第1、8、9、29、39、41项组成。

（9）情绪不稳定。情绪不稳定反映受试者情绪忽好忽坏、忽高忽低，学习劲头时高时低，对教师、同学、家长时而亲近，时而疏远等心理问题。情绪不稳定分量表由该量表的第2、7、27、32、35、53项组成。

（10）心理不平衡。心理不平衡反映受试者感到老师或家长对自己不公平，对比自己成绩好的同学不服气等心理问题。心理不平衡分量表由该量表的第28、30、37、42、54、60项组成。

12.1.4　评分方法

中学生心理健康量表的60个项目的总得分除以60，得出受试者心理健康的总平均分，表示受试者心理健康的总体状况。

中学生心理健康量表分为10个分量表，每个分量表都是由6个项目组成的，将每个分量表6项得分之和除以6，就是该分量表的平均分。

中学生心理健康量表采用五级计分法，即无为1分，轻度为2分，中度为3分，偏重为4分，重度为5分。

12.1.5　判断心理健康的分数标准

为了简便判断心理健康的程度，根据大量测试中学生的结果，以2分为判断心理健康是否存在问题的标准分数线。

心理健康总均分如果低于2分，表示心理健康总体上是良好的，如果心理健康总均分超过2分，表示心理健康存在一定的问题。

心理健康总均分在2~2.99分，表示心理健康总体上存在轻度问题。

心理健康总均分在3~3.99分，表示心理健康存在中等程度的问题。

心理健康总均分在4~4.99分，表示心理健康在总体上存在较重的问题。

心理健康总均分在5分，表示心理健康存在严重的问题。

心理健康总均分是判断心理是否健康的一个很重要的指标。但是，心理健康总均分没有问题，不等于每一个分量表都不存在问题。因此，我们既要从均分上判定学生的心理健康状况，也要从 10 个分量表具体判断学生的心理健康状况，把总均分判断学生总体情况与分量表判断学生具体的心理健康问题二者结合起来，才能既全面又具体地判断学生的心理健康水平。

12.1.6 处理心理健康问题

使用中学生心理健康量表测试后，总均分在 2 分以上者，表示学生心理健康总体上存在问题，最好找心理咨询室的老师咨询，请他们辅导。如果学校没有心理咨询室，在家长的带领下到正规医院找心理医生诊断治疗，或者到有营业执照的心理诊室咨询。使用中国中学生心理量表测试后，一个或几个分量表得分在 2~2.99 分，可先使用自我心理调适方法进行调适，很有可能使症状逐步减轻和消失。如果自我心理调适超过一个月，症状尚未得到缓解，最好去学校医务室或医院、心理咨询单位咨询。

使用中学生心理健康量表测试后，得分在 3~3.99 分者，可以通过自我调适减轻症状，如果调适超过一个月症状尚未缓解，可以找学校心理咨询室或医院、心理咨询单位咨询。

使用中学生心理健康量表测试后，分量表得分超过 4 分者，可以进行自我心理调适，一周后再用心理量表测试，其得分仍在 4 分以上的，到学校心理咨询室或医院、咨询单位去咨询。

特别强调的是人人都会存在心理健康问题，特别是轻度的心理健康问题。因此，使用中学生心理健康量表测试后，某个分量表在 2~2.99 分，不必大惊小怪、过分紧张。轻度的心理健康问题常常会自行缓解，恢复正常水平。当然，发现轻度的心理健康问题，及时加以调节是非常有必要的。因此我们对出现轻度的心理健康问题既不要大惊小怪，也不要麻痹大意、麻木不仁。

12.2 中国人心理健康量表

12.2.1 中国人心理健康量表的由来

目前国内对中国人测量的心理健康量表，大多使用精神症状自评量表，简称 SCL—90。这是美国人编制的测试美国人的心理健康量表。使用该量表测定中国人尚有许多局限性。1996 年笔者开始对中国人心理健康量表进行编制与测量。现在呈现给读者的心理健康量表是标准化了的，经信度与效度的检验都达到心理学测验的标准，中国人使用该量表进行心理健康测试具有相当高的针对性。

12.2.2 中国人心理健康量表的内容

表 12–2 中国人心理健康量表

姓名		性别		年龄	
民族		地区		职业	

指导语：下面是有关您近十天内心理状态的一些题目。请仔细阅读每一个题目，然后根据自己的实际情况认真填写，每个题目没有对错之分。请您尽快回答，不要在每道题上过多思索。

每个题目后都有五个等级供您选择。分别按照程度的高低用 1、2、3、4、5 来表示。

注意：①每个题目后只能选择一个等级，在相应的数字上画○；②每个题目都要回答。

序号	项目	无	轻度	中度	偏重	重度
1	我情绪忽高忽低	1	2	3	4	5
2	做什么事我都感觉很困难	1	2	3	4	5
3	我喜欢与人争论、抬杠	1	2	3	4	5
4	我对许多事情心烦	1	2	3	4	5
5	遇到紧急的事我手发抖	1	2	3	4	5
6	我怕应付麻烦的事	1	2	3	4	5
7	我情绪低落	1	2	3	4	5
8	我感到人们对我不公平	1	2	3	4	5
9	我觉得大多数人都不可信任	1	2	3	4	5
10	我感到别人对我不友好	1	2	3	4	5
11	我不能控制自己发脾气	1	2	3	4	5
12	我感到前途没有希望	1	2	3	4	5
13	我喜怒无常	1	2	3	4	5
14	我要求别人十全十美	1	2	3	4	5
15	我抱怨自己为什么比不上别人	1	2	3	4	5
16	我觉得别人想占我的便宜	1	2	3	4	5

续表

序号	项目	无	轻度	中度	偏重	重度
17	我觉得活得很累	1	2	3	4	5
18	看见房间杂乱无章，我就安不下心来	1	2	3	4	5
19	我着急时，嘴里有味	1	2	3	4	5
20	我感到将会有坏事发生	1	2	3	4	5
21	我觉得疲劳	1	2	3	4	5
22	我常为一些小事而心情不好	1	2	3	4	5
23	我不能忍别人	1	2	3	4	5
24	别人有成绩我生气	1	2	3	4	5
25	我的想法与别人不一样	1	2	3	4	5
26	遇到挫折，我便灰心	1	2	3	4	5
27	我经常责备自己	1	2	3	4	5
28	我害怕别人注意我的短处	1	2	3	4	5
29	我一紧张就头痛	1	2	3	4	5
30	我有想打人或骂人的冲动	1	2	3	4	5
31	我感到别人不理解我，不同情我	1	2	3	4	5
32	我固执己见	1	2	3	4	5
33	我对什么事情都无兴趣	1	2	3	4	5
34	我心里焦躁	1	2	3	4	5
35	我过人多、车多的十字路口心里发慌	1	2	3	4	5
36	遇到紧急的事我尿多	1	2	3	4	5
37	我心情时好时坏	1	2	3	4	5
38	我对新事物不习惯	1	2	3	4	5
39	我感到别人亏待我	1	2	3	4	5
40	我感到很难与人相处	1	2	3	4	5
41	我有想摔东西的冲动	1	2	3	4	5
42	我觉得出力不讨好	1	2	3	4	5
43	总觉得别人在背后议论我	1	2	3	4	5
44	我爱揭别人短处	1	2	3	4	5
45	我喜怒都表现在脸上	1	2	3	4	5
46	我紧张时睡不好觉	1	2	3	4	5

续表

序号	项目	无	轻度	中度	偏重	重度
47	我无缘无故感到紧张	1	2	3	4	5
48	遇到应采取果断行动时，我就犹豫不决	1	2	3	4	5
49	我与人相处，关系紧张	1	2	3	4	5
50	该做的事做不完我放不下心	1	2	3	4	5
51	我不分场合发泄我的不满	1	2	3	4	5
52	我控制不住自己的情绪	1	2	3	4	5
53	当别人看我或议论我时，感到不自在	1	2	3	4	5
54	别人对我成绩的评价不恰当	1	2	3	4	5
55	我感到自己没有什么价值	1	2	3	4	5
56	总觉得别人在跟我作对	1	2	3	4	5
57	我情绪波动很大	1	2	3	4	5
58	我担心别人看不起我	1	2	3	4	5
59	我感到忧愁	1	2	3	4	5
60	我心情紧张，胃就不舒服	1	2	3	4	5
61	在变化的情况下，我不能灵活处事	1	2	3	4	5
62	我觉得我的学习或工作的负担重	1	2	3	4	5
63	我对比我强的人不服气	1	2	3	4	5
64	我不能接受别人意见	1	2	3	4	5
65	我对亲朋好友忽冷忽热	1	2	3	4	5
66	我觉得生活没意思	1	2	3	4	5
67	我担心自己有病	1	2	3	4	5
68	遇到紧急情况，我心跳厉害	1	2	3	4	5
69	我与陌生人打交道感到为难	1	2	3	4	5
70	我心里总觉得有事	1	2	3	4	5
71	我在公共场合吃东西感到不舒服	1	2	3	4	5
72	我的朋友有钱，吃好穿好我感到不舒服	1	2	3	4	5
73	我做事想怎么做就怎么做	1	2	3	4	5
74	我难以完成工作任务或学习任务	1	2	3	4	5
75	紧张时我手出汗	1	2	3	4	5
76	我常用刻薄的话刺激别人	1	2	3	4	5

续表

序号	项目	无	轻度	中度	偏重	重度
77	我遇到杂、乱、脏环境，强烈噪声，不能承受	1	2	3	4	5
78	我容易激动	1	2	3	4	5
79	我的感情容易受到别人伤害	1	2	3	4	5
80	到一个新环境，我不能很快适应	1	2	3	4	5

12.2.3 中国人心理健康量表的构成

笔者编制并标准化了的中国人心理健康量表由 80 个项目组成。每个项目的评分都采用了 5 级评分制。

中国人心理健康量表的 80 个项目的总得分除以 80，得出受试者心理健康的平均分，表示受试者心理健康的总体情况。

中国人心理健康量表分 10 个分量表。

（1）人际关系敏感与紧张。人际关系敏感与紧张反映受试者感到别人不理解自己，不能容忍别人，感到别人不友好，要求别人十全十美等人际关系的心理敏感问题。人际关系敏感与紧张分量表由该量表的第 10、14、23、31、49、53、71、79 项构成。

（2）心理承受力差。心理承受力差反映受试者觉得活得很累，遇到挫折灰心失望，感到很难与人相处，该做的事情做不完不放心，难以完成工作任务或学习问题等心理健康问题。心理承受力差分量表由该量表的第 2、17、26、40、50、62、74、77 项构成。

（3）适应性差。适应性差反映受试者遇到新鲜事物不习惯，在变化的情况下不能灵活处事，与生人打交道感到为难等对人、对事、对环境的不适应问题。适应性差分量表由该量表的第 6、18、35、38、48、61、69、80 项构成。

（4）心理不平衡。心理不平衡反映受试者对比自己强的人心里不服气，感到别人对自己的成绩评价不恰当，感到别人亏待自己，因别人的好成绩而生气等心理健康问题。心理不平衡分量表由该量表的第 8、15、24、39、42、54、63、72 项构成。

（5）情绪失调。情绪失调反映受试者情绪时高时低，喜怒无常，情绪时好时坏，喜怒表现在脸上，情绪不稳定，控制不了自己的情绪等心理健康问题。情绪失调分量表由该量表的第 1、13、22、37、45、52、57、65 项构成。

（6）焦虑。焦虑反映受试者对许多事情心烦，感到有坏事情发生，心情焦躁不安，担心别人看不起自己等心理问题。焦虑分量表由该量表的第 4、20、28、34、47、58、67、70 项构成。

（7）抑郁。抑郁反映受试者感到生活没意思，对什么事不感兴趣，对前途不抱希望，情绪低落等心理健康问题。抑郁分量表由该量表的第 7、12、21、27、33、55、59、66 项构成。

（8）敌对。敌对反映受试者喜欢与人争论，不能控制脾气，爱刺激别人，容易激动等心理问题。敌对分量表由该量表的第 3、11、30、41、44、51、76、78 项构成。

（9）偏执。偏执反映受试者固执己见，不容易接受别人的意见，总认为别人议论自己，我行我素等心理问题。偏执分量表由该量表的第 9、16、25、32、43、56、64、73 项构成。

（10）躯体化。躯体化反映受试者心理紧张，特别是情绪紧张时身体产生不适或症状。例如，手发抖，头痛，睡不好觉，心跳加快，胃不舒服，尿多等心理问题。躯体化分量表是由该量表的第 5、19、29、36、46、60、68、75 项构成。

12.2.4 计分方法

中国人心理健康量表分为总均分与 10 个分量表的平均分的两位积分方法。

中国人心理健康量表由 80 个项目组成，把 80 个项目的分数总和除以 80 即中国人心理健康量表的均分，均分表示受试者心理健康总体情况。

中国人心理健康量表分为 10 个分量表，即人际关系紧张与敏感、心理承受力差、适应性差、心理不平衡、情绪失调、焦虑、抑郁、敌对、偏执、躯体化。每个分量表都由 8 个项目组成。因此，把每个分量表 8 个项目的得分总和除以 8 就是该分量表的平均分，表示受试者的得分在该量表的反映，表示受试者在该分量表中的心理健康情况。

12.2.5 中国人心理健康量表测试的判断

中国人心理健康量表总均分在 1~1.99 分，表示受试者的心理健康正常；总均分在 2~2.99 分，表示受试者存在轻度的心理健康问题；总均分在 3~3.99 分表示受试者存在中度的心理健康问题；总均分在 4~4.99 分表示受试者存在较严重的心理健康问题；如果总均分是 5 分，表示受试者存在非常严重的心理健康问题。

中国人心理健康量表的 10 个分量表的得分在 1~1.99 分，表示受试者在该分项的心理健康正常；在 2~2.99 分，表示受试者在该分项存在轻度的心理健康问题；在 3~3.99 分，表示受试者在该分项存在中度的心理健康问题；在 4~4.99 分，表示受试者在该分项存在较严重的心理健康问题；如果是 5 分表示受试者在该分项存在非常严重的心理健康问题。

12.2.6 应对方法

受试者的总均分在 2~2.99 分，表示存在轻度的心理健康问题。受试者可进行自我心理调节，一周后，再用中国人心理健康量表复测，如果得分仍在 2~2.99 分，就应该到心理咨询单位做心理咨询，在心理医生的指导下进行调适。

如果受试者的心理健康总分在 3~3.99 分或 4 分以上，就应该去心理咨询单位进行心理咨询，请求心理医生帮助解决心理健康问题。

对于中国人心理健康分量表的得分，若一个分量表或几个分量表的得分在 2~2.99 分，受试者可先进行自我心理健康调适，两周后，再用心理健康量表复测，如果得分仍在 2~2.99 分，就应该去心理健康咨询单位进行心理咨询。

中国人心理健康量表一个分量表或几个分量表得分在 3 分以上，受试者先进行自我心理健康调适，一周后，再用心理健康量表复测，如果得分仍在 3~3.99 分，建议去心理咨询单位进行心理咨询。

中国人心理健康量表测试，分量表一项或几项得分在 4 分以上者，建议受试者到心理健康咨询单位进行心理咨询，请求心理医生给予帮助。

12.2.7 中国人心理健康量表的用途

中国人心理健康量表既可用于中学生，也可用于成人，具有普遍的使用价值。但是，中国人心理健康量表不适用于小学生。

中国人心理健康量表可作为成年人自我诊断、自我进行心理调适的一种工具。只要使用者实事求是地填写，一般来说，所获得的结果大体可靠，基本上可以反映受试者的心理健康状况。受试者根据测试的结果采取相应的措施，增强和改进自己的心理健康状况。建议使用者每三个月或每半年定期用中国人心理健康量表测试一次，并且把每次测试的结果作为心理健康档案保存下来。

中国人心理健康量表还可以在使用者感觉或意识到自己出现不耐烦、烦躁、焦虑不安等不良情绪时，及时进行测试，尽早发现自己存在的心理健康问题，并采取心理调适的方法，予以解决。

人非草木，孰能无情，人人都有七情六欲，人在生活实践中必然会遇到各种各样的困难和挫折，这是不可避免的。在困难和挫折面前，人的心理行为发生一定的变化，这也是理所当然的。问题是变化到什么程度，要掌握好这个分寸，并且要及时地调整，使情绪恢复到正常水平。因此，心理健康测试时发现一些轻度的心理健康问题，不必着急，不必慌张。一般说来，这些轻微的心理健康问题都会自行得到解决，如果采用心理调适的方法，会更快地得到解决。这并不是说，不要重视心理健康的问题，而是要正确冷静地对待。当然，如果心理健康存在着较严重的问题，要高度重视及时解决。

中国人心理健康量表既适用于个人，也适用于单位集中使用。

建议有条件的单位定期使用中国人心理健康量表对全体职工进行心理健康测试，测试的结果通报给每一个职工，使他们了解自己心理健康存在的问题。单位可组织存在心理健康问题的职工去进行心理咨询。单位把心理健康测试的结果记入档案保存起来，定期分析单位职工存在的心理健康问题，从单位角度采取一些措施，减少职工心理健康问题。笔者在这里特别强调的是，职工的心理健康水平和职工的精神文明水平、身体健康水平、劳动生产力等都有密切的关系。因此，应该把增强与提高职工的心理健康水平作为一件大事来抓，它必定会对提高职工的心理素质、增强单位的精神文明建设、提高单位的劳动生产力产生积极的影响。

Part 3
创造心理学·人才学

13 创造心理学·人才学

13.1 创新、科学创造心理学、人才学的理念

13.1.1 创新素质的三要素结构

创新素质三要素是指创新人格、创新意识与创新能力。创新素质三要素是创新素质的基本内涵。三者是相互联系、相互制约的一个整体。三者之间又是有区别的，相互不能等同，各有各的内涵和外延。

（1）创新人格。

创新人格指的是有求知欲、有好奇心、有质疑精神、有坚持精神、能坚持真理修正错误具有创新人格的人。首先，对事物要有好奇心。好奇心与求知欲在心理学领域属于理智情感，情感分三种，包括理智感、美感、道德感。求知欲、好奇心与质疑精神都属于理智感一类。人都具有好奇心，但是差别很大。

其实，好奇心、求知欲、质疑精神人人都有，但是由于各种社会历史原因，很多人这方面的能力受到压制。比如说，教育就是老师说学生听，老师写学生抄，老师问学生答，在这样的教学模式下，学生的好奇心等就受到无视甚至压制。我们应鼓励孩子敢于和老师进行争论和辩论。这是好事，是有见解的表现。在没有充分说服之前应该允许学生保留不同意见，人的求知欲、好奇心、质疑精神才能得到保护和发展。

再比如，自主招生怎样考核考生的求知欲、好奇心、质疑精神、坚持性和坚持真理修正错误，是很值得研讨的。自主招生是非常复杂的事情，因此考核学生潜质也是非常复杂的。笔者建议，中小学特别是小学应提倡对学生的求知欲、好奇心、质疑精神方面的培养，从某种意义上讲小学生天生就拥有这些能力，但是随着教育的深入，会受到社会各种传统观念的束缚，致使孩子天性中的这些能力被压制。笔者建议综合素质考核方面，将孩子的好奇心、求知欲、质疑精神作为重要内容进行评价。

（2）创新意识。

创新意识就是对创新的需要和追求。有创新的需要和正确的创新动机，是创新素质发展的驱动力。实际上不少学生都有创新的意识，但是受到各种因素的限制没有得到应有的发展。要支持鼓励学生发展创新意识，保护其中合理的部分。发展创新意识也是一种责任，是对社会的责任、对国家发展的责任。

笔者在 2006 年对开封一位学生进行自主招生面试的培训时，就发现这个考生有强烈的创新意识，他想对现代一些建筑的结构进行改造，笔者虽然不懂建筑，但是感觉他的想法听起来很有道理。笔者就大力鼓励这个孩子，对他面试中出现的问题提出一些改进措施。最后他在清华大学“领军计划”中面试得到满分，获得了降分 30 分录取的资格。

创新意识需要继续培养和引导。有些人创新意识不够是因为缺乏经验和指导，只要点拨一下，马上就会激发他的创新意识。笔者在自主招生面试培训中，给缺乏创新意识的同学分享了一个妙法，马上就引起他们的高度重视并立即付诸实践。成人要指导学生，如何进行创新意识的提高。

（3）创新能力。

创新能力是创新意识的标志性作用，是创新意识的出发点和归结点。开发创新能力可以实现创新素质的效应。创新能力越高，创新素质水平越高。创新能力的产物各种各样，包括新理论、新观点、新技术、新产品等。创新能力水平高低，用成果的级别就可以鉴别出来。比如，获得“国家科学技术进步奖”，就反映了创新水平的高低。一等奖比三等奖的创新水平高。

创新能力也是培养出来的。在研究科学创造心理学多年后，笔者总结了创新能力培养的四种方法，最近又增加了一种方法。这个方法就简便一些，只要经过训练，效果甚至立竿见影。

这里要说明一下，创新能力或者说发散思维评价包括三个方面。一是思维流畅性，比如“砖头有什么用途”，10 秒之内答一个算 1 分，这是测定你思维流畅性方面的方法。二是创新能力的类别性与变通性，比如，搭灶台，砌墙，在类别性上算 1 分，都是建筑材料，打老鼠、打坏人、打东西，这样算流畅性 4 分，类别性 1 分。三是创新性，还是刚才的例子，如果你说的砖头的用途，别人都不知道，就你想出来了，而且经过实验证明确实有这种用途，那你的创新性就相当高了。

创新能力是一种综合能力，笔者过去的研究证明，它主要包括创造性思维、创造性想象、记忆储存性等，提高学生的创造性思维、创造性想象和记忆储存也有助于提高学生的创新能力。

13.1.2 智力结构五大要素

智力是什么？心理学家各有各的看法。笔者认为，智力是人的认识能力与实践能力所达到的水平，即一个人的认识能力越高，智力水平越高，一个人的实践能力越高，他的智力水平也越高。智力结构指的是智力的组成因素，就像房间是由窗户、天花板、地板、门等组成的。心理学家对智力的看法也不尽相同，笔者认为智力结构包括五大要素，即观察力、记忆力、思维力、想象力、实践能力。

观察力、记忆力、思维力、想象力属于智力结构的认识部分，实践能力属于智力结构的实践部分。这五种能力在智力中的地位和作用各不相同，但是相互作用、相互制约形成一个整体。观察力相当于眼睛，可以把外界的信息和内部的感受信息收集起来。记忆力把观察力获得的信息储存起来备用。思维力是智力结构的核心和中枢，一个人智力水平高低，从认识部分来看，主要指思维力的水平，思维力是人区别于动物的根本心理特征。当然，观察力、记忆力、想象力也是很重要的，这些是相互联系且不能单独存在的。

通俗地说，智力结构的认识部分是认识世界的能力，智力结构的实践部分是人改造社会的能力。这两种能力是相互制约的，并且不断从低级水平向高级水平发展。

因此，要根据智力结构发展状况，扬长避短，充分发挥智力结构五大要素的优势，为成才提供良好的智力基础，同时还要努力克服智力结构五大要素的不足，力求得到进一步发展。有的学生，可能思维力较好，却有马虎的毛病，从智力结构五大要素来分析，主要是观察能力有问题。

13.2 创造动力

13.2.1 情绪在创造中的作用

（1）情绪通过智力影响科学创造。

人的情绪与情感对人的观察力、思维力、记忆力、想象力与操作能力的发挥都有一定的调节作用。

积极的情绪与情感能够促进观察力、记忆力、思维力、想象力与操作能力的发挥，从而提高创造的水平。而消极性情绪与情感则影响观察力、记忆力、思维力、想象力与操作能力的发挥，从而降低了创造的水平。

人在积极的情绪与情感状态中，能提高观察的积极性与主动性，提高观察的速度与准确性，减少观察的疲劳性以及观察的错误；易于记住事物的特点与性质，精力充沛，联想丰富，有利于记忆力的提高；思维比较活跃，有助于提高人的思想水平；能够激发人的想象力。还能提高思维的积极性、主动性与创造性，从而有利于创造；有利于提高操作的准确性与速度，提高操作效率。

总之，在人们的创造性活动中，人的积极的情绪与情感能够促进智力结构五大要素的作用，从而增强智力效应，促进创造性活动的成功。

（2）情绪状态在创造中的作用。

根据情绪发生的强度与延续时间的长短，即外部表现，可以把情绪状态分为心境、激情与热情三种。这三种情绪状态对创造活动都有一定的影响。积极的情绪状态能够促进创造力的提高；而消极的情绪状态会降低创造力的发挥，不利于创造活动。

在创造活动中，任何创造都是在一定的情绪状态下进行的。创造者善于控制与调节自己的情绪，在一定意义上来讲，就能提高创造的效果。

第一，心态是人在某一段时间内的一种比较微弱而持续的情绪状态，它具有持续迁延的特点，使人的一些活动带有一定的情绪色彩。“忧者见之而忧，喜者见之而喜”，这是对心境的描述，也说明心境有积极和消极之分。积极的心态使人在一段时间内心情愉快，对事物充满兴趣，精力充沛。情绪高涨，思维活跃，想象丰富，思维敏捷，充满克服困难的信心，有助于提高创造的效果。消极的心态使人无精打采，心绪不宁，心情抑郁，对事物缺乏兴趣，观察敏感性降低，思维不活跃，思路不通畅，想象贫乏，遇到困难心灰意懒，从而降低创造的效率。

第二，激情是一种强烈的、迅速爆发而短暂的情绪状态，并且伴有明显的机体变化与外部表现。激情通常是由生活中具有重大意义的事件引发的。愤怒、恐怖、绝望、狂喜等都属于激情状态。激情可分为积极性激情与消极性激情。积极性激情能够鼓励人们为正义、为真理而英勇斗争；消极性激情常常会减弱人的理智感，降低自我控制能力，不能正确评价自己行为的意义和行为价值的后果。

在冷静、理智和坚强意志的控制下，积极性激情能够激发为正义、为真理、为祖国、为人类而创造的意识与高涨的创造热情。能充分地激发人的观察力、记忆力、思维力、想象力、操作能力。充分发挥人的创造能力，增强克服困难的信心和决心，提高创造的速度与质量。激情不仅对科学家、科技工作者的创造有重要的激励作用，而且往往对文艺工作者的文艺创作更为重要。积极性激情使文艺工作者产生高度的社会责任感，激发起他们极大的创作热情，为创造提供了非常重要的契机。

消极性激情可使创造者失去理智、产生冲动，抑制创造性思维、创造性想象，使情绪变化剧烈，难以冷静。还容易造成人际关系的紧张和冲突，在一定程度上影响创造。应该说明的是，人的消极性激情是可以减轻或克服的。创造者提高道德修养水平，增强意志力，善于控制情绪水平，对克服消极性激情很有作用。创造者充分发挥积极性激情的作用，有效地控制消极性激情是创造成功的重要心理条件之一。

第三，热情是强有力、稳定而深刻的情绪状态。它虽不如心境广阔，但是比心境强烈而深刻；它虽不如激情强烈，但较激情深厚而持久。

热情能控制人的整个身心，影响人的思维和行动。热情受人的世界观、价值观、信念、理想的制约。热情是创造的重要心理推动力量，是创造得以成功的一个基本心理条件。热情使创造者迷恋创造，把注意力集中在创造的目标上，能充分发挥智力因素的作用，提高创造的效率。

（3）理智感在创造中的作用。

理智感是人的一种高级情感，即社会性情感。它是为呼应人们的社会性需求而存在，并在教育与社会实践作用下形成的。高级情感带有明显的社会性，并且被打上了深刻的社会与时代的烙印。

理智感是在智力活动中产生的，同时它又成为推动智力活动的心理力量。理智感是人在智力活动中产生的情绪体验，好奇心、惊奇感、怀疑感与自信感等都是理智感的不同表现形式。

第一，在创造中，好奇心是一种在人的理智感方面的心理动力。好奇心能够激发人的创造动机。巴甫洛夫对狗见到食物就流口水的现象充满好奇心，使他产生了研究条件反射的念头，促使他创立了高级神经活动生理学。

好奇心能提高创造者的观察敏感性，使创造者在创造活动中及时发现问题，把握创造时机。缺乏好奇心的人，往往在创造面前视而不见，听而不闻，丧失了创造的时机。

好奇心使人遇事喜欢追根溯源，对智力活动起到了促进和维持的作用。好奇心使创造者想象力丰富、思维活跃，创造思路更开阔。

好奇心是创造者产生意志顽强性的一种心理力量。好奇心使创造者在创造过程中遇到挫折时可以勇往直前，毫不动摇。

成功的创造者不仅具有强烈的好奇心，而且永不满足。一个好奇心满足了，新的好奇心又产生了，保持永不衰退的好奇心，才有可能在创造中硕果累累。

第二，惊奇感与好奇心是密切联系的，好奇心引出惊奇感。惊奇感使创造者提出问题，思索问题，因而启动创造者的创造性思维与创造性想象。创造者培养自己的惊奇感，对捕捉创造题材，促进创造性思维与创造性想象的活跃度都有重要意义。

随着年龄的增长，当人步入中老年时期，对事物的惊奇感往往会逐渐降低。由于固定性思维方式的限制，中老年人往往用固定的眼光去看待事物，因而阻碍了惊奇感的出现。中老年创造者富有创造经验，但不能固守经验，不能被以往的经验束缚了创造，束缚了惊奇感。中老年创造者特别要注意焕发自己的惊奇感，要善于在未知的领域探索。

第三，怀疑感也是人的一种理智感。怀疑感是打破旧观念、旧传统，建立新观念、新学说的一种心理推动力量。创造者具有怀疑感，敢于质疑不符合客观事实的旧观念、旧学说，才能突破传统观念的束缚，推动创新发展。我国著名地质学家李四光敢于怀疑世界“油权威”所谓“中国无油说”，大胆提出“中国有油说”，最终，大庆油田等油田的开发证明他是正确的。

怀疑感能够增强创造者的独立思维，激发创造者的想象力，促进创造者创新意识的发挥。我国学者普遍重视怀疑感在创造中的作用。明代学者陈献章认为：“学贵有疑，小疑则小进，大疑则大进。疑者，觉悟之机也。一番觉悟，一番长进。”明代学者李贽认为：“学人不疑，是谓大病。唯其疑而屡破，故破疑即是悟。”李四光认为：“不怀疑不能见真理，所以我希望大家都取一种怀疑的态度，不要为已成的学说压倒。”在创造中，提倡怀疑感，并不是提倡怀疑一切，而是提倡不仅不被不符合事实的传统观念和学说所束缚，而且敢于质疑，敢于挑战。

在创造中提倡怀疑感，要坚持实践是检验真理的唯一标准。创造者的怀疑是否正确，是通过实践检验出来的。

第四，自信感是创造者处于良好创造状态的理智感的条件。自信感使创造者可以强化创造需要与创造动机。自信感能调动创造者的智力因素，为实现创造的目标充分发挥智力效应。

自信感对创造者坚持自己的正确观念与理论，敢于为维护真理而英勇拼搏，起着非常重大的作用。我国著名经济学家马寅初提出的“新人口论”曾遭到错误的批判，但他坚信自己的理论是正确的。他单枪匹马孤军奋战，绝不向谬误投降。

自信感是建立在对事物规律认识的基础上，产生的情感体验。因此，自信感绝不是自以为是，毫无根据的狂妄情绪。

（4）道德感在创造中的作用。

道德感包括爱国主义情感、集体主义情感、事业心、责任感。第一，爱国主义情感不仅是创造者进行科学创造的一种心理激励，也是创造者竞争的心理推动力。例如，我国科技工作者在周期长、难度高、工作量大的人工合成核酸的研究中，在爱国主义情感的激励下，发扬顽强拼搏的精神，终于在世界上首次人工合成人工核酸，为我国在有机化学与生物化学研究领域夺得了一项“世界冠军”，为伟大的祖国赢得了荣誉。

爱国主义情感是创造者克服困难的心理力量源泉。我国科技工作者在科技创造活动中，遇到了重重困难，崇高的爱国主义精神激励他们不怕困难，勇于攀登才取得了辉煌的成绩。新中国成立后，正是在这种爱国主义情感的激励下，许多著名科学家放弃国外优厚的生活条件，毅然回国从事科学研究，为我国科学技术的发展作出了重大的贡献。

爱国主义情感把创造者的创新意识与祖国的需要密切地联系在一起。他们自觉地把祖国的创造目标作为自己的创造目标，即把自己的创造目标与祖国建设的目标相统一。我国著名植物学家蔡希陶说：“急国家之所需，急人民之所需，祖国的需要就是我们的研究课题。”

第二，集体主义情感使创造集体的成员为集体创造目标的实现提供关心与支持。这种心理相融的气氛使创造集体建立最佳的传召氛围。

集体主义情感可以充分激发创造集体的智力效应。集体主义情感使创造成员对集体的创造目标产生认同感，使成员为了实现创造目标发挥创造优势，同时，相互协调，相互配合，促进集体的智力效应得到充分发挥。

集体主义情感是科研合作与科研大协作的一个非常重要的道德感条件。高度的集体主义情感不仅能保证科研协作有序地进行，成员间同甘共苦，而且在取得科研成果后，大家也能正确地对待荣誉。

集体主义情感是科技工作者竞争取胜的一个心理条件。集体主义情感使科技工作者精神振奋，斗志昂扬，齐心协力，勇于夺冠。

第三，事业心表现为创造者对自己的创造活动充满情和爱。事业心在科技创造中是最为重要的心理因素之一。古今中外，凡是在科技创造中作出重大贡献的科学家都具有强烈的事业心。

强烈的事业心能够充分调动创造者的智力因素，使创造者观察力敏捷，思维活跃，想象力丰富。强烈的事业心使创造者专心致志，可以增强他们的创造敏感度、创新意识，使他们敢于冲破传统观念与理论的束缚，大胆实践，勇于创新。

强烈的事业心使科技工作者对科学创造充满热情。为了追求真理，他们勇于克服各种困难，以顽强的意志，为实现创造的目标而奋斗。

第四，责任感也称责任心。责任心是人们对工作、对他人、对集体、对社会所承担的道德责任的情感。创造者的责任感是自己对创造本身所承担的道德责任。

责任感也同事业心一样，是创造中最为重要的心理因素之一。创造的长期性、艰巨性与严肃性决定了责任感在创造中的地位。

责任心强，在科技创造过程中忠于职守、认真负责，有助于提高观察的准确性、记忆的准确性、思维的准确性与操作的准确性，从而提高科学创造的水平与质量。

从心理品质角度推测科技工作者创造能否成功，责任心强弱是预测创造能否成功的重要心理特征。在对青年科技工作者的培养过程中，要特别强调对责任心的培养。强烈的责任心，是创造成功的重要心理财富。

（5）美感在创造中的作用。

美感是人对自然界的事物、社会生活中的人物与事件以及在文艺作品评价中所产生的情感体验。美感是一种高级情感。美感具有两个特点，第一，美感是一种愉悦的情感体验；第二，美感是一种倾向性的情感体验。

美感能推动创造者进行创造。居里夫人说：“科学的探索研究其本身就含有至美。”追求科学美，造福于人类，很多时候成为科技工作者科技创造的一种心理动力。

美感对触发灵感有一定的作用，大自然的奇异美景会使人产生美感，使人触景生情，并通过联想与想象的机制获得灵感。在审美过程中，创造者的移情作用是触发灵感的重要心理机制。移情作用是联想，特别是类比联想与想象的心理过程。由于美感中的联想与想象活动带有浓厚的个人情绪色彩，个人的情感在联想和想象活动中就容易得到充分的抒发，因此常常出现“情景交融”“寄情于景”的现象。李商隐的“春蚕到死丝方尽，蜡炬成灰泪始干”，陆游的“无意苦争春，一任群芳妒”等都是典型的移情佳句。

移情作用就是把自己的主观情感转移到客观对象上，使客观对象具有人的心理特点与感情、意志、性格、行为等。人的心境与移情现象的内容有着密切的关系。具有良好心境的创造者产生的移情内容，有利于触发创造性思维与创造性想象，有利于触发灵感。

美感对陶冶创造者的情绪很有作用，可以使创造者的情绪稳定而愉快，有利于形成良好的心境。

美感能触发人的创造动机。向往美的境界，有助于开拓人的思维境界，活跃思路。

美感有助于创造者发挥形象记忆与情绪记忆，开发形象思维与创造性想象，提高科学的鉴赏力。美感也能激发创造者的求知欲与好奇心，提高创造者的效率。

13.2.2 意志在创造中的作用

科学创造是探索未知，科学创造的长期性、艰巨性、复杂性决定了科技工作者的意志在科技创造中的作用。

在科学创造的道路上，充满了艰难险阻。科学工作者必须以坚韧不拔、百折不挠的坚强意志去战胜各种各样的困难，才能有所发明和创造。

（1）意志在创造中的作用。意志是创造成功的先决的心理条件，意志对创造有着重要的激励与指向作用。科技工作者把自己创造的目标指向社会、经济、科技发展的需要，为人类造福。古今中外，凡是做出重大成就的科学家、艺术家都有远大的志向。爱迪生说：“我的人生哲学是工作，我要解开大自然的奥秘，并以此为人类造福。我们在世的短暂的一生中，我不知道还有什么比这种服务更好的了。”

科技工作者意志越远大，就越能充分调动他们的智力因素，越能充分地发挥他们智力因素的作用，促进他们的观察力、记忆力、想象力和思维的发挥和运用，充分发挥智力因素在创造中的作用。

意志是创造成功的心理条件和起点。科技工作者有了远大的志向，把自己的创造目标与祖国的经济、社会、科技、文化等的发展密切联系在一起，就能克服创造中遇到的种种问题和困难，才有可能达到奋斗的目标，获得创造的成功。

（2）意志自觉性在创造中的作用。意志的自觉性与认识水平有密切的关系。但是，意志自觉性不等于认识水平。

科技工作者的意志自觉性，对于创造有很大的作用。一般说来，在科学工作者的创造中，意志自觉性越高，科研成果的科学价值和社会价值可能就越高。科技工作者的意志自觉性，有助于树立明确的创造目标，从而更好地发挥智力因素的效应，使创造者把创造的注意力集中在创造目标上，充分发挥创造性思维与创造性想象，从而提高创造效果。

与意志自觉性相反的是受暗示性与独断性。易受暗示的科技工作者，盲目地随从别人的意见，缺乏思维的批判性，缺乏独立思考，对自己的行动缺乏信心。独断性是不顾主客观条件，一意孤行，在行动上表现为盲动倾向，无疑也影响创造的水平与创造的效率。

科技工作者，特别是青年科技工作者要提高科技创造意志的自觉性，防止和克服受暗示性和独断性。

（3）意志果断性在创造中的作用。意志果断性是以正确性认识和勇敢为特征的。果断性是以深思熟虑与适时为前提条件。在科学创造中，果断性使人能够全面地、周密地认识创造行动的目的及其采取的创造手段。人们清楚地预料创造行动的后果，并在这样的条件下当机立断，抓住时机，适时地选择与确定研究课题，就有可能在科学创造的竞争中取胜。

在决定创造的活动中，要把握各个关键时刻，切忌轻举妄动、草率决定。在科学创造中时间就是价值，每一项科学研究，谁抢先取得了创造性成果，谁就是这个研究领域的领先者。在我国的科学研究管理中，曾有凭一时冲动盲目地决定客体上马、下马，使科研工作遭到重大损失的例子。这与决策者缺乏正确认识与判断有密切的关系。

在科学创造中，研究课题的选择，对创造成功有战略性意义。研究课题选择得好，就可望取得重要的研究成果；反之，则往往事倍功半，甚至一无所得。科技工作者根据国家需要与科学自身发展的需要，结合自己的具体情况，深思熟虑，果断地确定课题，便有希望获得科学创造的成功。

（4）意志顽强性在创造中的作用。意志顽强性包括充沛的精力和坚忍的毅力。精力指的是一个人表现出的活力。毅力指的是一个人活动的持续度，不仅表现为坚强的决心，而且更重要的是还有顽强奋斗的品质。

有的人虽然能勇于克服困难，但是遇到挫折时间稍久，就半途而废。这说明其缺乏持久奋斗的毅力。有的人虽然能持久地克服困难，但是疲疲沓沓。意志顽强的人，在执行决定过程中，不仅能够紧张地工作，而且能够坚持奋斗。

意志顽强性是创造者进行创造最重要的意志品质。它不仅是推动创造者实现创造目标心理上的维持力量，而且是实现创造目标心理上的保障力量。在科学征途上需要跋山涉水，披荆斩棘。科学创造的丰硕成果是科技工作者长期顽强奋斗的产物。

意志顽强性是提高创造效率的一个心理条件。充沛的精力可以使科技工作者处在良好的创造状态中，充分调动与发挥智力因素，提高创造效率。没有科研效率，就没有科技竞争，科技竞争就是抢时间、争效率。从这个意义上可以说，效率是科技竞争的生命。有的科技工作者，虽然能坚持不懈地工作，但是精力不充沛，科研效率很低，很难在竞争中取胜。

意志顽强性是创造者战胜挫折与失败的心理保障。科学创造探索的是未知领域，是没有现成道路可走的，是在探索中前进的。在科学创造中，挫折与失败是经常发生的，具有意志顽强性的科学工作者能在挫折与失败中继续前进。

意志顽强性也是创造者战胜疾病的干扰、坚持创造的心理力量。我国著名科学家高士其在 1928 年的一次实验中，因装有脑炎病毒的瓶子突然破裂，不幸染上脑炎。一位外国医生曾预言，高士其活不过 3 年。可是 50 多年来，高士其在说话、行动都极其困难的条件下，以惊人的毅力从事科普作品创作，获得了巨大的成就。几十年来，他出版了《天的进行曲》《我们的土壤妈妈》

《太阳的工作》《自然科学通信化问题》《高士其科学小品集》等。

13.2.3　兴趣在创造中的作用

兴趣是人对事物的特殊认识倾向。这种认识倾向的特殊性，使认识的主体总是带有满意的情绪色彩和向往的心情，主动积极地去认识事物。

有兴趣就会对科学创造特别注意和迷恋。对科学创造感兴趣的人，在谈话中常常把话题转到这方面来，所谓三句话不离本行。科学工作者对科技创造有兴趣，就会使他们向往科学创造，并在其中获得心理上的满足和情感上的快乐。达尔文说："热衷于一切我所认为有趣的事物，且以了解任何问题与事件为最大的满足。"卢瑟福说："我认为没有再比在几乎是未经勘探的原子核世界里的漫游更令人神往了。"

丁肇中教授经常在实验室里连续几天几夜地工作。有人问他苦不苦，他总是这样回答："一点儿也不苦。正相反，我觉得很快活，因为我有兴趣，我急于要探索物质世界的秘密。"任何科学研究，最重要的是对自己从事的工作有没有兴趣。"丁肇中教授的话说明了兴趣在科学创造中的重要性。

兴趣是在生活实践中逐步形成和发展起来的。陈景润的高中老师讲哥德巴赫猜想的故事时说："科学的皇后是数学，数学的皇冠是数论，哥德巴赫猜想是皇冠上的明珠。"这番话使陈景润对学习数学产生了浓厚兴趣。

（1）兴趣广度在创造中的作用。兴趣广度指的是兴趣范围的大小。有人兴趣广泛，有人兴趣狭窄。兴趣广泛在科技创造中有重要作用。科技兴趣广泛的人，眼界开阔，能够获得广博的知识和广泛的创造信息，使他们思维活跃，想象丰富，为科技创造的成功提供重要的心理条件。

当今社会飞速发展，更加需要通才。通才的心理特点就是兴趣广泛，具有渊博的知识、丰富的经验与广阔的思维，有可能在几个科技领域有所发明创造，也有可能在社会实践提出的问题方面有所建树，能广泛地适应社会发展的需要。

现代科学技术的发展日新月异，其重要特点之一是高度的综合性，因此，它要求科技工作者有广泛的兴趣。科技工作者特别是青年科技工作者要从多方面培养自己的学术兴趣，以适应现代科学技术的创造需要。

（2）兴趣中心在创造中的作用。兴趣中心指的是在广泛兴趣的基础上，要有一个中心兴趣，即对某一方面的兴趣要专，要深。

科技工作者对某一方面有较深的兴趣，促使他对某方面知识的热烈追求，深入探索，获得某方面的精深知识，发展某方面的特殊才能。兴趣深度能够促进思维深度的发展，促进创造性想象强度的发展，为在某一方面做出创造性高水平的成果提供新的条件。

古今中外，很多杰出科学家既有广泛的兴趣，又有中心兴趣。不仅使他们成为通才，在科学上作出多方面的贡献，而且也使他们成为专才，在某个科技领域作出杰出的贡献。

兴趣广泛，并不意味着样样通。不少科技工作者都把广泛的兴趣与中心兴趣相结合，使他们不仅在科技创造方面有着多方面的成绩，而且对某一领域的研究也有突出的贡献。

（3）兴趣稳定性在创造中的作用。兴趣稳定性指的是兴趣持续的时间。科技工作者的世界观和价值观在很大程度上决定兴趣的稳定性。兴趣变幻无常的人很难在事业上有所成就。对科技创造作出重大贡献的创造者的共同的心理特征之一，就是他们对科学创造的兴趣的稳定性。

科学创造往往成为科学家的终身兴趣。我国著名数学家华罗庚、苏步青、陈景润，著名物理学家吴有训、钱三强、周培源，著名力学家钱学森等，科学创造成为他们终身的兴趣。因此，尽管他们在晚年疾病缠身，但仍然孜孜不倦地从事科学研究，并且取得了重要的科研成果，再创辉煌。

（4）兴趣效能在创造中的作用。兴趣效能指的是兴趣对人的实践活动的作用。推动科技工作者勇于探索、坚持不懈、为实现创造目标而奋斗，是兴趣效能的表现。

有的人的兴趣只停留在期望和等待状态，不做实际的探索，这种兴趣缺乏推动力量，对创造成功不起实际的作用。

13.2.4　个性在创造中的作用

个性包括两个方面的内容，一是个性活动的倾向性，包括动机、理想、信念；二是个性特征，如气质、性格等。人的个性是在先天生理结构的基础上，在后天环境与教育的影响下逐步形成的。人的个性是受一定的社会历史条件和所处的社会历史地位制约的。

人的个性具有稳定性的特点，但是个性也不是不可改变的。人的个性在人的创造中具有重要的作用。

（1）创造动机在创造中的作用。创造动机指的是进行创造活动的原因，是发动和维持创造性活动的心理倾向。创造动机在科技创造中的作用表现在三个方面：一是始动功能，即科技创造动机引发科技创造性活动；二是指向功能，使科技工作者创造性活动沿着创造目标前进；三是调解功能，使科技工作者在创造活动顺利进行时，可以持续增强创造活动，而当创造活动遇到挫折时，可以维持创造活动。

创造动机的强度，对创造活动的唤起、维持与调节有相当大的作用。创造动机强，唤起科技创造活动的心理力量强，维持创造活动的心理能量充足，对创造活动调节作用大。

科技工作者的创造动机是受世界观、价值观制约的。价值观反映一个人对客观事物的是非的重要性评价。被誉为我国科技战线上的铁人的陈篪说："人总是要死的，衡量一个人的一生，要看他是否最大限度地促进了社会的前进。……我觉得应该做到'生命不息，战斗不止'，在有生之年，尽量为祖国、为人民多做一些事。"在这种崇高的价值观指引下，他在癌症的威胁下仍然坚持科技创造。

（2）创造胆识在创造中的作用。胆识是一种人格特征，在创造中具有重要作用。

第一，洞察科技发展趋势。科技工作者具有创造的胆识，就能高瞻远瞩，看准科技发展的方向，才有可能进入科技发展的前沿。一个学科带头人，一个重大研究课题组织者的创造胆识和水平，对科技创造的方向与科技创造的速度都有很大的制约作用。科学创造胆识高，科研方向正确，就能较快地取得科研成果。

很多科学家重视创造胆识在科学创造中的作用。李政道指出："做科学研究工作，不仅要知道已有的先进科学方法，更重要的是了解哪些是科研重点。而在这些重点中，哪些是他人还不清楚的。向还没有开辟的领域进军，才能创造新天地。"

第二，抓住科技创造中具体的、有重要意义的课题。正确地选择科研课题，起步准确，就有希望达到创造的目标。创造胆识水平高的科技工作者，能够大胆地抓住具体的研究课题，果断地进行创造。

（3）追求真理的性格在创造中的作用。追求真理的性格，是人对客观世界表现出的一种性格特征。科学创造的目的是探索未知，科学创造本身就要求科技工作者具有追求真理、坚持真理、热爱真理、维护真理的优秀性格。

追求真理的性格，能使科技工作者敢于怀疑旧观点、旧学说；敢于向名人、权威挑战。追求真理的性格，能激发科技创造者的创新意识。李四光说得好："凡遇着新现象、新学说，切不可为它所支配，为它所奴隶。我们还要分析它，看它究竟是怎么一回事。既到学术场中，心只管细，胆只管大，就是那种天经地义的学说都不能吓倒我们。"

追求真理的性格，能充分调动创造者的智力水平。科技工作者为了追求真理，创造的注意力能够得到充分的调动，创造性思维、创造性想象力十分活跃，有些科技创造者甚至进入忘我状态。陈景润走路都在思索数学问题，全部的注意力都集中在创造之中。科技工作者为追求真理进入忘我的创作状态，就能最大限度地发挥创造力的效应。

（4）自我批评的性格品质在创造中的作用。自我批评性格品质，是人对自己的一种态度，是一种性格特征。自我批评的性格特征在科技创造中有重要作用。自我批评的性格品质能够提高创造者思维的批判性与精准性，使创造者及时纠正自己的创造性思维。正如竺可桢所说："独立思考，进行复杂的创造性劳动完全不犯错误是不可能的。不怕犯错误，只怕知道错误而不改。唯有批评和自我批评，开展讨论，才能改正错误。"

创造者自我批评性格品质，对科技创造水平有一定的制约作用。古今中外的杰出科学家大多数都勇于自我批评，公开承认自己的失误和错误，从而有利于提高创造的水平。爱因斯坦是举世公认的杰出科学家，但他非常勇于自我批评，勇于坦率地改正自己的错误论断与错误观念。

自我批评的性格品质，能使创造者正确地评价自己，激发永不满足的求知欲与上进心，不断地激发创新意识，不停地进行创造。在科学创造上越是作出重大贡献的科学家，越能发现自己的不足；越是追求新的创造，越是谦虚谨慎。

13.3 人才成长

人的素质、社会历史条件、教育与人的主观能动性的发挥是人成才的四大要素。这里说的素质是人生来具有的生理特点，不是素质教育的素质。人与生俱来的素质是人成长的生理条件。一般说来，人生来具有的素质，差别不是很大，当然也有差别。只有两类人差别比较大，一类是智力有缺陷的人，这类人通常不仅智力低下，而且身体的机能特别是大脑的结构和机能都非常差，成才甚至成长都很困难，一般活不到青年期。另一种人就是生来具有与常人有异的生理特点，比如个子非常高就给成为篮球能手提供了生理基础。例如，姚明的个子就非常高，这帮助他成为世界篮球名将。腿很长的人、上肢比例很大的人为成为舞蹈演员提供了素质基础，嗓子好的人在同样条件下经过训练，会比嗓子一般的人更容易成为歌唱家。在选拔特殊人才的时候，要注意与生俱来的某些生理特点。一般说来，人的生理特点为人的成长成才提供了身体的基础。

社会历史条件对人才的成长和成才也有重大的作用。社会发展不同阶段，社会发展水平、经济发展水平、文化发展水平、科技发展水平对人的成长和成才起着制约作用。诸葛亮被中国人视为智力过人的代表人物，但诸葛亮的聪明才智如果放在今天的信息时代，可能会获得更大的发展，诸葛亮费心费力，但是他没有见到现代信息科学为人类提供的准确定位的能力。在同一社会制度下，不同经济发展阶段，人的成才成长也受到极大制约。

不同发展阶段的社会条件不同，对人的成长也有重要的影响。所以发展经济、发展文化、发展科学技术，以创新驱动为动力，会给人的成长和发展提供非常重要的社会条件。因此，社会历史条件是人成长成才的制约条件，它制约人的成长、成才的速度、水平和质量。古代计算用算盘，算盘也是中国人的重大发明，现在看来却是很落后的方式。1962 年笔者刚从北京大学毕业时，进入中国科学院心理研究所学习，那时计算基本用算盘，1963 年有了计算器，相比算盘进步很大。到 20 世纪 80 年代改革开放，有的同志从国外带回计算器，运算速度更快，而现在的计算机和算盘时代大不一样。这就是社会历史条件对人的成长发展成就产生重大影响的案例。

教育是关键。诺贝尔奖的很多获得者都出自名校。中国科学院院士，出自北京大学的最多。现在人们上大学上名校是亿万家长和学生的愿望，因为名校不仅有良好的、现代化的教学条件和设备，还有大师、灵魂的工程师在塑造和引导学生成长。当然，在建造世界一流大学的同时，也要兼顾普通大学的建设，要均衡教育资源，使人人享有优质教育资源的机会。

人的刻苦努力在人才发展中起决定性作用。同样两个人，与生俱来的素质大体相同，也生活在同一时期和环境，但两个人的成长和成才大不一样，就是因为人的主观能动性在发挥作用。过去有一句名言：天才就是勤奋。没有勤奋、没有刻苦、没有付出和汗水就没有果实。在某种意义上讲，努力和成才成就成正比，但这句话有很大的局限性。天才应该是勤奋 + 创新。天才往往在同一历史条件下，他的创新水平远远高于一般人，因此，他的成就便会高于一般人。没有勤奋不可能成为天才，只有勤奋也不行，只有两者兼具才能成为天才。发挥主观能动性、刻苦、创新缺一不可。

13.3.1 扬长避短，处处有人才

人才成长是一个非常复杂的过程，有诸多条件在起作用，还会产生相互影响。现代社会发展需要各种各样的人才，中华民族伟大复兴也需要各种各样的人才，包括政治家、经济学家、科学家、文化家、艺术家、军事家等。各种人才成长都有自己特殊的规律，但有一个共同点，就是扬长避短、处处有人才。每个人的家庭背景，受教育情况，社会成长条件不尽相同，生理心理特点也不同，就人的心理特点而言，人的认识过程、意志过程、情感过程、个性都不尽相同。但不要把成才看得艰难甚至难以实现，也不要看得很容易，不付出劳动不创新就能成为人才，这两种都不对。只要掌握成才的规律，笔者认为，绝大多数人都有成才的机会，都有为中华民族伟大复兴贡献自己力量的机会。要为中华民族伟大复兴作出更大贡献，就要掌握扬长避短、处处有人才的人才成长规律。

因此，要想使自己成为人才，要注意扬长避短的三个要素：第一，要了解自己，特别是心理方面的长处和短处。人的智力结构有五大要素，即观察力、

记忆力、思维力、想象力、实践能力。要根据自己智力结构的优势扬长避短，要充分发挥长处弥补自己智力结构的短处。第二，力求五大要素都得到相对平衡的发展。第三，要根据社会需要和智力结构特点发挥智力优势。

数学家陈景润在数学上作出了巨大贡献，其对哥德巴赫猜想的研究达到了国际最高水平，60 年过去了，目前还没有人超过他的研究水平。陈景润成才最根本的就是扬长避短，充分发挥他思维能力特别是数学思维能力的优势。

陈景润在厦门大学毕业后，被分配在北京一所中学当老师。他的心理特点做老师并不具有优势。他是一个什么样的人呢？他走在路上都在思考数学问题，脑袋撞到树上了还会自言自语："谁碰我了？" 因为他高度专注于数学研究而没有看清路，甚至还会反问别人。这样的人当教师是很困难的，他很难把学生的注意力调动起来，而且表达能力也不高。

当时厦门大学校长、著名教育学家王亚南到北京开会时得知这一情况，在当时的历史条件下，破例把他从北京调到厦门大学图书馆做管理员，实际上是给他提供了一个专心研究数学以及哥德巴赫猜想的条件和机会。三年后，陈景润在《数学通报》上发表了一篇哥德巴赫猜想问题的研究论文，引起了当时中国科学院数学所所长、中国著名数学家华罗庚的高度重视。华罗庚教授与他的学生讨论后决定把他从厦门大学调到中国科学院数学所工作。他在数学所工作条件很艰苦，特别是在"文革"期间，他在 6 平方米的房间里，每天仅靠一大瓶水和一个馒头，就这样在生活条件极其困难的情况下专心致志、高度集中注意力研究哥德巴赫猜想问题。20 世纪 60 年代初，他的论文发表，被国际誉为陈式定理，为中华民族的科学发展作出巨大的贡献。

陈景润的成长，外部条件起了很大的作用，他得到了三位贵人的相助，一位是教育学家王亚南，一位是数学家华罗庚，还有一位就是政治家、伟大的领袖毛泽东主席。他病危时，毛主席批示全力抢救，为挽救他的生命，让他继续研究数学起了巨大的作用。陈景润充分发挥了他数学思维、抽象思维的能力，把长处发展到极致而成为伟大的数学家。

陈景润除了数学抽象思维能力极其发达之外，他很多其他方面的能力和普通人一样，甚至还不及普通人。他之所以成才，除了三位贵人的鼎力相助之外，靠的就是扬长避短。我们的青年同志要从成才的案例中汲取成长的经验力量。深思熟虑研究自己的长处是什么，怎么发挥自己的长处，以便成为有用的人才，成为中华民族伟大复兴的人才，为中华民族伟大复兴作出应有的贡献。

13.3.2　自学能力是各种创新人才成长的第一要素

20 世纪 80 年代初，笔者曾经对科学创造心理学进行了较为系统的研究。对各种创新人才进行了考察与研究，并由科学出版社出版了《科学创造心理学》。该书在学术界评价很高，在钱学森代序的《思维科学研究》中说道：“该书的学术水平很高，在国内外享有盛名。”日本创造学会会长、著名创造心理学家恩田彰教授认为：“王极盛的创新研究达到国际最高水平，该书中作者记录了 25 种创造心理因素在人才成长中的作用研究，研究的对象包括五类创新人才，第一类是自然科学基础研究人才，第二类是自然科学应用研究人才，第三类是自然科学开发研究人才，第四类是社会科学人才，第五类是管理科学人才。用 25 种创新心理因素对这五类人才在他们的人才成长中的作用和地位进行评估，得出一个令人惊讶的结论：在这 25 种要素中，自学能力是这五类人才普遍认为在成长中起第一位重要作用的因素。”

从这个结果笔者得出，各种创新人才成长的第一要素是自学能力。笔者仔细想想也很有道理，创新就是在前人的基础上向上攀登。所以首先必须学习，懂得自学，把前人的成就消化、理解，只有这样才能创新。研究结果表明自学能力相当重要。学生培养自学能力很重要的一个手段就是课前预习。一般人做事情、解决问题首先要学习、掌握前人已有的结果，再在这个基础上向前推进。

13.3.3　阅读能力是自学能力的第一要素

研究表明，自学能力是各类创新人才成长的第一要素，那么自学能力包括什么呢？包括阅读能力、组织能力、思维批判能力等，但是第一位的还是阅读能力。通过阅读掌握前人已有的知识，掌握前人已有的技能、基础，在这个基础上再向前推进，因此，一定要培养阅读能力。

现代科学信息技术飞速发展，很多人通过电脑、手机获得了大量的信息，应充分利用和享受信息科学、信息技术对人类知识保护带来的巨大财富。但这也伴随着一些消极的东西，很多人整天看手机，这往往是碎片化的阅读，没有系统的精读。这对阅读发展是不够的，既要学习和具备系统的阅读能力和习惯，也要运用碎片式的学习，把两者结合起来，充分发挥阅读能力。现在很多学生整天听课做作业，很少有时间系统阅读一本书。很多成人也是如此，工作很忙，稍有点时间就用手机浏览各种信息，这很重要，但这对培养系统的阅读能力是不够的。

这个问题应该引起足够的重视，只有碎片化的阅读对提高阅读能力是远远不够的，一定要系统阅读。只有通过系统阅读才能掌握系统的知识，掌握事物发展的逻辑关系，这对思维力、批判能力、鉴别能力是非常重要的。

14 灵感

14.1 创造性活动中的心理现象

人们在科技创造活动中，创造性思维时有受阻，使创造性活动陷入困境，尽管苦思冥想，仍不得其解。有时却突然得到某种启发、启示、联想，突然领悟，茅塞顿开。人们在艺术创作过程中也存在灵感现象。有的诗人有时几天也写不出一个恰当的词句，也会因受到某种意境的触动，诗兴大发，浮想联翩，文思潮涌，写出动人的诗篇。

灵感不仅是科学创造过程中的心理现象，也是艺术创作过程中的心理现象。科学家在科学创造中会出现灵感现象，艺术家在艺术创造过程中也会出现灵感现象。

笔者曾经对 25 名中国科学院院士在科学创造活动中灵感的出现频率进行了调查研究。结果表明，在科学创造活动过程中，灵感很频繁出现的占 4%，经常者占 12%，时有者占 40%，偶有者占 28%，从来没有者占 16%。

笔者还对 58 名科技工作者在科学创造过程中灵感的出现频率进行了调查研究。结果表明，在科学创造过程中，很频繁的没有，经常者占 22%，时有时无者占 45%，偶有者占 29%，从未发生者占 3%。笔者的实证和调查研究证明灵感切实存在于科学创造活动中。

在科学创造中，作出杰出贡献的中外科学家，都承认灵感是客观存在的，是不以人们的意志为转移的。爱因斯坦很重视灵感在科学创造中的作用，他曾经说过："我相信直觉和灵感。"

我国著名科学家钱学森不仅重视灵感现象的研究，他还建议建立一门灵感学。钱学森指出："我认为现在不能以为思维仅有逻辑思维和形象思维这两类，还有另一类可称为灵感，也就是人在科学或文艺创作的高潮中，忽然出现的、稍纵即逝的短暂思维过程。它不是逻辑思维，也不是形象思维，这两种思维持续时间都很长，以致人们所说的废寝忘食。而灵感时间极短，几秒钟而已。"

那灵感是不是可控的能力？这一点是肯定的。人不求灵感，灵感也不会来，有灵感的人总是要经过一长段其他两种思维的苦思冥想来做准备。所以灵感算是人可以控制的大脑活动，是一种思维。有没有规律？刚生下来的婴儿不会有灵感，所以灵感是社会实践的结果，不是神授。既是社会实践的结果，就是经验的总结，应该有规律。总而言之，灵感是一种可以人为控制的大脑活动，是一种思维，是有规律的，要研究它，要创立一门"灵感学"。

14.2 王极盛的灵感心理观

王极盛的灵感心理观：灵感人人有之，人的灵感潜力大得很，灵感是人脑的机能，灵感是一种最佳的创造状态，灵感是一种最佳的创造力，灵感是一种创造力效应，灵感是具有心理结构的。

灵感是人类创造性活动中神奇的心理现象，是人类创造性过程中美妙而神奇的创造之花。

在人类历史上，在科学家的科学创造过程中，在艺术家的艺术创造过程中，在人类其他领域的创造过程中，灵感都发挥了一定的重要作用。

尽管由于心理科学发展的局限性，人类对灵感的认识没有达到解释灵感本质的地步，但是不能否认灵感在人类活动中的客观存在。

除了脑功能患有障碍和智力落后的人以外，人人都有灵感。只不过有人意识到了，有人没有意识到，灵感不仅在科学家、艺术家、法学家身上存在，而且在平民百姓身上也有存在。

一个中学生在晚上解一道题，苦思冥想也没有解出来，睡了一觉，第二天早上醒来，忽然毫不费力就把那道题解开了。其实这就是一种灵感。

虽然人人都有灵感，但是灵感在人们创造性活动中的作用大小不一。在科学家的创造性活动中，灵感所起的作用就比一般人解决一个问题时所起的作用大得多。

14.2.1 人的灵感潜力大得很

虽然人人都有灵感，但是灵感远远没有被充分发掘出来。由于种种历史原因以及个人素质的限制，人们的智力远远还没有充分发掘出来。同样，人们的灵感也没有被发掘出来。关于目前人类灵感发挥了多少，笔者推测，人类目前灵感发挥的情况占潜在灵感的千分之一，当然，这只是一个估计。

中华民族伟大复兴，为中国人民的灵感发掘和开发创造了前所未有的动力。笔者坚信，中国人在中华民族伟大复兴的旗帜下，充分发挥创新能力和灵感，就一定能实现中华民族的伟大复兴。

14.2.2 灵感是人脑的机能

灵感是人脑的机能，是客观现实的反映，是客观存在的。对灵感的解释存在着唯物主义和唯心主义的争论，唯心主义往往用天才神授来解释，唯物主义则认为灵感是人脑的机能。灵感是人在创造性过程中实现的心理现象。灵感这种心理现象很复杂、很神奇，但它毕竟是一种心理现象。

灵感同人的其他心理现象一样，都是人脑的机能，是人脑对客观现实的反映。因此，从心理现象的本质看灵感现象，它不是神秘的，而是客观存在的。

把灵感神秘化，或者否认灵感的存在，都是不符合实际的。两者都阻碍人类灵感的开发。人的一切现象都有生理基础，灵感依然是一种心理现象，它也有它的心理基础。笔者认为，灵感的生理机制是人类大脑暂时神经联系新的接通，是已有信息的重新组合，是新的神经联系结合。这就是灵感产生的生理基础模式。

14.2.3 灵感是一种最佳的创造状态

灵感是一种最佳的创造状态，但这种最佳的创造状态往往是转瞬即逝的，但它毕竟是一种最佳的创造状态，因为灵感的出现，往往使创造性活动迅速完成，解决创造性过程中所要解决的问题，或者为创造性解决问题提供线索、提示、途径、方法等。

14.2.4　灵感是一种最佳的创造力

创造力是为解决创造性活动中的问题服务的。创造力水平的高低决定了解决问题的、所产生的价值水平。灵感的出现往往使问题迅速地获得解决，因此，灵感是一种最佳的创造力。

15　心商理论

智商论夸大了智力因素在成功中的作用。

情商论夸大了情商因素在成功中的作用。

心商论力求阐述各种重要成功因素分别在成功中的作用。

心商论是关于人才成功、创新成功的心理学理论。它从心理学角度认识人的心理素质，指心理因素在人才成功、创新成功中的作用与地位。心商适用的范围比较广泛。它适用于学习的成功，工作的成功，职业的成功，考试的成功，创造的成功，婚姻的成功，家庭的成功与人才的成功。

心商论是多类别、多要素的。多类别指的是心商的四个系统，即心商的心理实现系统、心商的心理动力系统、心商的心理调控系统与心商的心理供给系统。这四个系统在人才成功中的地位与作用各不相同，他们相互联系、相互制约、相辅相成、缺一不可。

心商的实现系统主要包括观察力、记忆力、思维能力、想象能力与实践能力，及其智力策略、智力技巧等。心商的动力系统主要包括理想、信念、信心、情感、情绪、意志与个性特征等。心商的调控系统主要包括心理适应能力、心理承受能力、心理协调能力、心理开拓能力、心理平衡能力、心理调节能力、情绪的健康等。心商的供给系统主要是指潜心能的因素。潜心能包括记忆的潜意识、思维的潜意识、想象的潜意识、尚未出现的顿悟、尚未出现的灵感、未被意识到的情绪等。

15.1 心商的实现系统

心商的实现系统是人才成功、创新成功的最基础、最直接的心理素质因素。心商通过实现系统来认识事物的规律，解决问题，实现成功的目标，实现创造的目标。

心商的实现系统是知识经济的基础和核心，特别是心商中的创造性思想、创造性想象所构成的创造力，在知识经济和知识创新中起着灵感作用和主导作用。

在心商的实现系统中，创造力的水平高低，在一定程度上制约着知识创新的水平。在心商的实现系统中，以创造力为核心，观察力、记忆力、思维力、想象力与实践能力，协调地发挥作用。

心商的实现系统的运行机制、运行方式对心商系统完成实现目标有很大的作用。在知识经济时代，心商的实现系统的运行机制、运行方式与知识创新的速度和技术创新的水平都有着密切的关系。

在知识创新中，智力所达到的水平包括两个方面。一方面是认识能力所达到的水平，另一方面是实践能力所达到的水平。认识能力与实践能力二者是相互联系的。在未来的知识经济时代，知识的创新与知识的传播、知识的应用是不可分割的。只有知识创新与知识应用结合起来，才会既有高水平的知识创新，又能高速度建立新的知识产业，形成二者的良性循环，互相促进，水涨船高。

心商的实现系统中的观察力、记忆力、思维力、想象力、实践力与智力的策略、智力技巧不协调，或者它们的水平相差悬殊，都将阻碍心商的实现系统达到目标。因此，既要提高心商实现系统的观察力、记忆力、思维力、想象力、实践力的水平，又要重视发展智力策略、智力技巧。

智力策略、智力技巧，是在人们的生活实践中，在人才创造成功的过程中，逐步形成与发展的。智力策略指的是人在认知活动中的方案与计划。人的智力活动与计算机的运行有相似之处，都是遵循一定的程序进行的。在认知操作中，为了有效地进行，依照一定的程序，及时选择各种信息，并且把它们组织起来，为解决问题服务。因此，策略对人的智力活动是非常重要的。在人的智力活动中，有效的、正确的策略对顺利进行智力活动，解决问题，起着很大的促进、协同和引导的作用。在智力活动中缺乏正确策略，往往导致智力活动进行缓慢，给解决问题带来困难。

15.2 心商的动力系统

心商的动力系统包括理想、价值观、信念、信心、动机、需要、兴趣、意志、情感与个性品质等。心商的动力系统是创造成功、人才成功的心理力量的源泉。它指引、维持、推动心商的实现系统完成所要解决的问题。

需要与动机对心商的动力系统起着重要的作用。需要与动机使心商的动力系统充满动力，充满活动的激情。

心商的动力系统的水平，制约着心商的实现系统所取得的成就的高低。心商的动力系统水平越高，例如动机强烈，信心充足，兴趣浓厚，意志顽强，就能使心商的实现系统的思维能力、想象能力、实践能力等得到充分的发挥，从而提高心商的实现系统解决问题的水平。

心商的动力系统特点决定着人才成功的社会意义，创造成功的社会意义，决定着人才成功与创造成功的社会方向。

人的动机决定着人才成功的方向。人的动机使人的活动的社会意义更加具体化。人的正确动机将引导人的活动有利于科技进步，有利于人类的物质文明和精神文明的提高。知识创新者的错误性动机，会阻碍与破坏人类精神文明。

15.3 心商的调控系统

心商的调控系统在心商论中占有一定的地位与作用。它是心商的实现系统、心商的动力系统与心商的供给系统不能代替的。

心商的调控系统的作用主要表现在两个方面：

（1）控制作用。在人才的创造成功中，人不仅需要心商的实现系统、心商的动力系统、心商的供给系统，而且需要心商的调控系统。人需要对当时心理状态进行控制，使心理状态处于较佳或最佳的水平上，使实现系统的观察力、记忆力、思维力、想象力、实践能力、智力策略、智力技巧，得以充分发挥。

调控系统控制的作用还表现在使心商的供给系统能较好地提供心理能力，提供心理潜能保证完成创造性活动，完成成功的任务，实现成功的目标。

（2）调节功能。心商的调控系统的调节功能表现在两个方面。第一个方面是，改变心理活动的绝对强度，提高或者降低心理力量。在创造和完成目标的过程中发挥心理调节作用，改变情绪紧张感，使心理适当放松，有助于充分发挥心理效应。

第二个方面表现为改变心理状态的性质，主要是从消极的心理状态变为积极的心理状态。例如在实现目标和创造的过程中，出现心理不平衡，降低了人的心理力量的作用，降低了心理活动的效率。心理的调节作用表现在使心理各个方面协调与稳定，从而发挥心理作用的效果。

心理的适应性、心理的承受性、心理的协调性、心理的平衡性在人实现创造活动过程中，起着很大的作用。人的心理活动通过心理适应性，心理协调性与心理平衡性，使人的心态处于良好的状态，使人的各种心理属性都处于最佳的状态，在智力与创造力竞争中，发挥更大的作用。

心商的调控系统包括情绪健康等内容。情绪健康在心商的调控系统中具有特殊作用。

15.4　心商的供给系统

人的心理是脑的机能，是人脑对客观现实的反映。人的一生，从儿童发展到青年，再发展到成人，是人的心理潜力不断得到发挥的过程。换句话说，人的成长和成熟是人的潜力发挥的过程。

一个人的心理发展水平高低，与人的心理潜力的发挥程度密切相关。换句话说，心商的供给系统、运转机制的水平制约着人的心理发展水平，制约着人的心理成熟水平，制约着人的成功。

人的解剖与生理素质为人的心理发展提供了物质基础。人的解剖与生理素质存在缺陷，在一定程度上会影响人的心理的发展，影响人的智力的发展。在正常的人的解剖与生理素质的基础上，后天的生活实践，在人的心理发展中起着主导作用。

人的心理潜力的发挥，是人的大脑功能充分发挥效应的结果。潜心能是一个很广泛的心理概念，它包括潜在的未被开发的人的心理功能和心理能量。潜心能的概念与无意识的概念不同，潜心能的概念包括无意识的概念，但又不仅限于无意识的概念。潜心能的概念建立在人对客观现实的反映是不断进行的基础上。潜心能的概念也是建立在人脑的功能的发挥远远没有被开发出来这个事实上的。人的大脑功能是极其复杂的。人的大脑的功能远远超过电脑，电脑的功能是人的大脑功能的延伸。

电脑的功能是人发明出来的，是人创造力的产物。人脑的功能，将在人的生活实践中，在现代科学的促进下，得到进一步的开发。人脑是一个巨大的秘密机关，我们对它的了解还很少，对它的认识还很肤浅。随着大脑功能不断被开发，我们的聪明才智就会日益增长，人的创造能力就会日益显现。

21 世纪是人的大脑得到进一步开发的时代，是人的智力将得到充分发挥的时代。充分发挥人的潜力，包括人的潜在的生理能力与潜在的心理能力，将成为 21 世纪热门的研究课题。现在人们已意识到人类潜心能开发的重要性。管理心理学所谓的激励理论就是要调动人的积极性，开发人的心理资源，这就是开发人的潜心能的一个具体体现。在现实生活中，经常听到有人提出要塑造良好的人格的相关的说法，其实这就是发挥人的潜心能，显现人的潜心能的过程。所谓开发人的智力、开发人的智力资源，也是发挥人的潜心能的过程。

Part 4
教育心理学

16 早期智力教育

（1）早期智力教育的可能性。

近年来，我国发现一批智力超常的儿童。有人认为，早期教育只适用于智力超常儿童，而与一般儿童无关。其实，早期教育不仅适用于智力超常儿童，也适用于一般儿童。即使智力落后的儿童，对其进行适当的早期教育，也能收到一定的效果。这是因为，绝大多数儿童都具备早期教育的生理条件与心理条件。

心理是脑的机能，是客观现实的反映。智力的发展与脑的结构与机能的变化是密切相关的。

新生儿的脑重约为 390 克，成人的脑重约为 1400 克，新生儿的脑重相当于成年人脑重的 2/7。9 个月婴儿的脑重已增加到 660 克，比新生儿时的脑重增加近 2/3，相当于成年人脑重的 1/2。2.5~3 岁的儿童的脑重已增加到 900~1011 克，相当于成人脑重的 2/3。7 岁儿童的脑重达 1280 克，相当于成人脑重的 90%。婴幼儿期是儿童脑重量增加最快的时期。婴儿出生时，神经细胞的树状突起数量少而短，到 2 岁数量和长度激增；神经纤维髓鞘在学龄前末期也逐步完成，它标志着大脑内部结构成熟。这就是说，我们一般在婴幼儿期就具备接受早期教育的生理基础。

国外心理学家对近千名新生儿从出生到成人的跟踪研究表明，假定一个人17岁的智力发展水平为100%，那么从出生到4岁就已经获得了50%，4~8岁又增加了30%，其余的20%是在8~17岁时获得的。因此，我们认为儿童在5岁之前是智力发展最迅速、最重要的时期。婴幼儿期是儿童智力发展的关键期。

由此可见，每个儿童都具备接受早期教育的生理条件与心理条件。早期教育是符合儿童的身心发展规律的。

（2）早期智力教育机不可失。

现代心理学等研究表明，儿童如果在生命的最初几年被剥夺了智力发展的机会，就永远无法达到本应达到的智力水平，他的个性心理品质也得不到正常的发展。

“印度狼孩”卡玛拉就很能说明这个问题。卡玛拉被救回到人类社会时，已七八岁，从动作姿势、情绪反应、生活方式等都表现出狼的习性。她用四肢行走，不会说话。她惧怕人，白天躲藏起来，夜间潜行。每天午夜到凌晨3点钟，像狼似的引颈长嚎。据研究，卡玛拉当时虽然已七八岁，智力却相当于6个月的婴儿水平。人们花了很大力气都不能使她适应人类的社会生活方式。卡玛拉4年内只学会了6个词，能听懂几句简单的话，她在7年后才学会45个词，能勉强地学说几句话。卡玛拉死时十六七岁，但她的智力仅相当于三四岁的孩子。

这是因为卡玛拉出生后，生活在狼群中，离开了人类社会环境，错过了智力发展的关键期，从而影响了其对人类特有的习惯和智力的学习和发展。

类似狼孩这样的事例毕竟是少见的。但是，如果在婴幼儿期缺少抚育与学习的机会，也将抑制儿童的智力发展，使其个性心理素质得不到正常的发展。有的学者研究发现，在孤儿院的单调环境中成长的婴儿，同生活在一般家庭环境的婴儿相比较，其智力发展水平低下，并且情绪也易存在异常。后来把这些婴儿分成两组，第一组迁居到丰富多彩的环境中，并且有成人提供良好照顾，第二组仍处在单调环境中。一年后，两组儿童的智力发展水平有着明显的差别，第一组儿童的智力远远高于第二组的智力，这说明环境与教育对儿童身心发展有着重要的影响。

在第二次世界大战时期逃进深山的日本人横井庄一，当时他已成年，在野外环境中独自生活了 28 年。1972 年回到人类社会后，仅用了 83 天就恢复并适应了人类的生活，还在当年结了婚。这说明，婴幼儿时期的教育与社会生活环境会影响人的一生。

（3）早期智力教育要掌握的原则。

对婴幼儿进行早期智力教育，从他们的生理与心理特点出发，采取适当的方式，因势利导，才能收到满意的效果。

在游戏中学习：游戏是婴幼儿的主要活动方式。特别是智力游戏，是儿童认识世界、发展智力的重要手段。因此，早期智力教育要生动活泼，富有趣味，把学习的活动寓于游戏之中，如在游戏中认字、数数。这样边玩边学，可以把枯燥无味的知识变成吸引儿童的有趣的互动。对儿童进行早期智力教育最忌讳的是强制式学习，如强迫儿童一连几小时伏案写作业，结果必然事与愿违，适得其反。

通过知识教育发展儿童的智力：智力与知识是有联系的。智力是通过知识的掌握而形成与发展起来的，而掌握知识的难易和速度，又依赖于智力的发展水平。智力与知识又是有区别的，不能把智力归结为知识本身。

对儿童进行早期智力教育绝不意味着用填鸭式的方法向儿童灌输系统的知识，而是用适宜的方式通过抓住知识教育的关键激发儿童智力的发展。早期智力教育不是单纯追求多识几个字，多数几个数。教的内容和进度要适合儿童智力发展的特点。

接受多方面的智力刺激：扩大儿童生活与活动的范围，开阔儿童的视野，接受多方面的智力刺激，对促进儿童智力发展有着重要的意义。家长要根据实际情况，经常带着儿童散步，去公园、动物园，游览参观，参加智力竞赛，会客访友等。这些都能增加儿童知识，启迪智慧。

激发好奇心与求知欲：儿童心理发展的一个特点是好奇心强，求知欲旺盛。新颖的刺激、有趣的故事、诱人的形象等都能激发与发展儿童的好奇心与求知欲。如讲故事、猜谜、手工制作等都能起到发展智力的作用。

要从小保护鼓励儿童的好奇心与求知欲，对儿童提出的各种问题，都要设法予以回答，不能搪塞或拒绝，更不能斥责或讽刺。

注意儿童思维的直观、形象的特点：教婴幼儿说话和识字时，要考虑他们思维的直观、形象的特点，从易到难，由浅入深，从具体到抽象。首先教婴幼儿那些经常看得见、摸得着、听得到的实物的名词，以及婴幼儿经常重复的动作的动词。要注意婴幼儿的注意力不易集中的特点，每次教的数量不宜多，时间不宜过长。

发现与引导儿童早期表现的智力倾向：有的儿童对绘画、唱歌或数学有着特殊的兴趣。要细心发现儿童的特殊兴趣，注意在相应的知识、技能上给予指导。掌握儿童早期的智力倾向，就能因势利导，发展儿童智力。发现儿童早期教育的智力倾向，并不意味着儿童学习知识可以有所偏废。

德、智、体全面发展：对婴幼儿进行早期教育包括德、智、体三个方面。这三者是相互联系、相辅相成的。如果婴幼儿没有健康的身体，便缺乏智力发展的物质基础；如果婴幼儿个性、心理品质不良，便缺乏智力发展的正确方向。

（4）早期智力教育的内容。

早期智力教育的主要内容有如下几点：

发展感知觉能力：儿童的感觉和知觉是他们认识世界的基础。儿童感知觉能力的发展对于他们认识世界、掌握知识、从事各种活动都具有重要的意义。为了发展儿童的感知能力，第一，要结合婴幼儿的生活实际，在安全的条件下，父母要采用多种方式，鼓励儿童对周围事物多看、多听、多摸、多闻、多尝，促进儿童感知觉的发展。第二，多接触大自然，认识花、草、鱼、虫、日、月、星、云、山、水、湖泊等，以开阔眼界。第三，运用鲜艳的色彩、生动的形象及各种玩具，使儿童在动手的过程中，发展感觉，认识事物的属性，如颜色、形状、大小等。

发展操作能力：为了发展儿童的操作能力，父母要给儿童创造条件，给儿童一些亲手操作的机会，鼓励儿童多动手，多玩搭积木等游戏，鼓励儿童多做手工，捏橡皮泥、折纸等；对于稍大的儿童，父母可教他洗手帕、扫地，这样不仅可以培养孩子热爱劳动，也有助于发展孩子的操作能力。

发展孩子的语言和记忆能力：为了促进儿童语言和记忆的发展，第一，让儿童早听、多听成人说话。父母要尽早与婴幼儿进行语言交往。不要认为新生儿不会说话，就让他躺在那里。儿童出生后，父母就要经常叫儿童的名字，对儿童说话、唱歌、放音乐，培养儿童对声音的反应，发展儿童听力。第二，鼓励儿童大胆说话，启发儿童尽量用语言表达自己的感受、愿望和想法。第三，抓住儿童语言发展的最敏感时期。据研究 2~3 岁是儿童口头语言发展的最佳年龄，这个时期的儿童很容易学习说话。4~5 岁是儿童学习书面语言的最佳年龄，这个时期的儿童对阅读识字最敏感。第四，教儿童说话与识字，要先教与儿童的游戏、生活相联系的实物的名词，与儿童经常重复的动词。第五，尽量利用儿歌和诗歌押韵的特点，教儿童背诵简单的儿歌与诗歌，复述简单故事。

培养想象力与思维能力：为了培养儿童的想象和思维能力，第一，要鼓励儿童大胆想象和提出问题，爱护儿童的丰富想象力，启发儿童的思维。儿童提出一些幼稚的想法，不要嘲笑，而是要做好引导。第二，给儿童多安排一些富于想象力和思想能力的活动，如游戏、讲故事。在活动中，让儿童多动脑筋，用自己的想象去充实内容。第三，多给儿童自己思考、创作的机会。例如给儿童买合适的书籍，不要急于给儿童讲，先让儿童自己看图片、想内容，让儿童自己说说看到了什么，喜欢什么，然后再加以引导。

发展儿童绘画能力与音乐能力：绘画可以培养儿童的观察力、记忆力、思维能力、想象力和良好的审美能力。因此，父母要尽早训练与发展儿童的绘画能力，鼓励儿童从小就能画出他感兴趣的东西。音乐不仅能激励儿童的情感，而且被誉为是诱发幼儿智力的精神乳汁。音乐能够发展儿童的听觉、节奏感、歌唱与欣赏音乐的能力。父母要给儿童提供更多听音乐的机会，从儿童两个月开始，在儿童睡醒后，多给儿童听一些柔和、优美的音乐。父母还可以经常用好听的声音唱歌给儿童听。

（5）早期教育对儿童身心健康的影响。

有人对早期智力教育有些顾虑，怕用脑过早影响以后的智力发育，怕影响儿童的身心健康。现代心理学家与教育学家认为，人脑开始积极工作的时间越早，延续的时间越长，脑细胞老化越慢。错过早期教育的开发时机，再想弥补是很困难的。

有人担心“孩子越聪明越不好养”“早熟早衰”“早熟早夭”，这些看法是没有科学根据的。良好的早期教育是启蒙式的，要培养幼儿的兴趣，激发他们的好奇心。相反，不给他们学习的机会，就会影响大脑的健康发育。

美国心理学家特尔曼从1921年开始对1500多名超常儿童进行了30年的追踪研究。他的研究表明，这些人的死亡、健康状况不良、精神病和酒精中毒与犯罪发生率都比同年龄的其他儿童要低。在这些人当中，没有发现一个人在青年后期出现愚蠢行为。这个超常儿童实验组的人到了中年，对其中800名男子的研究结果表明：早熟不会早衰，这800人的智力水平仍然是出类拔萃的。他们所取得的成就和任意选择的800个同年龄的人比较起来，几乎多10~20倍，甚至30倍。

据研究，世界著名人物大都有接受早期教育的经验，有人对16世纪以来欧美的400多位著名人物进行了统计分析，发现他们大多数是长寿的。因此，也不必担心早期教育对寿命会有什么不利影响。

17 家庭教育

17.1 中学生心理健康调查

17.1.1 8869名中学生心理健康的调查报告

笔者曾对北京市8869名中学生的心理健康进行了调查研究。这次调查研究，用的是笔者编制的中国中学生心理健康量表。这个量表是根据中国中学生当前的心理健康的实际状况编制的，其信度和效度都达到了心理测试的要求，比目前国内普遍运用的国外学者编制的心理健康测试量表，更切合实际，也更为准确。

笔者编制的中国中学生心理健康量表共有10个分量表，即强迫、偏执、敌对、人际关系敏感、抑郁、焦虑、学习压力感、适应不良、情绪波动性与心理不平衡性。另外还有一个总均分，用以从总体上衡量心理健康存在的问题。

（1）中学生心理健康存在的问题。

强迫。存在问题者占31.2%。其中存在轻度问题者占28.9%，中度问题者占2.0%，偏重问题者占0.3%。

偏执。存在问题者占24.8%。其中存在轻度问题者占20.4%，中度问题者占3.7%，偏重问题者占0.7%。

敌对。存在问题者占23.1%。其中存在轻度问题者占17.1%，中度问题者占4.7%，偏重问题者占1.3%。

人际关系敏感。存在问题者占31.4%。其中存在轻度问题者占24.3%，中度问题者占6.1%，偏重问题者占1.0%。

抑郁。存在问题者占32.6%。其中存在轻度问题者占26.6%，中度问题者占5.2%，偏重问题者占0.8%。

焦虑。存在问题者占28.6%。其中存在轻度问题者占21.8%，中度问题者占5.4%，偏重问题者占1.4%。

学习压力感。存在问题者占36.6%。其中存在轻度问题者占26.1%，中度问题者占8.4%，偏重问题者占2.1%。

适应不良。存在问题者占34.6%。其中存在轻度问题者占29.7%，中度问题者占4.5%，偏重问题者占0.4%。

情绪波动性。存在问题者占35.0%。其中存在轻度问题者占27.7%，中度问题者占6.2%，偏重问题者占1.1%。

心理不平衡性。存在问题者占33.4%。其中存在轻度问题者占28.3%，中度问题者占4.7%，偏重问题者占0.4%。

从总体上看，这些中学生心理健康存在问题者占32.0%。其中心理健康存在轻度问题者占28.0%，中度问题者占3.9%，偏重问题者占0.1%。

从以上10个心理健康问题的因子看，存在问题占30%以上的因子有7个：学习压力感（36.7%）、情绪波动性（35.0%）、适应不良（34.6%）、心理不平衡（33.4%）、强迫（31.2%）、抑郁（32.6%）、人际关系敏感（31.4%）。

存在问题最严重的是学习压力感，占总人数的36.7%。其次是情绪波动性，占总人数的35.0%。学习压力感已成为中学生心理健康问题的主要内容，这和我国当前的教育体制有密切的关系。现今我国教育的特点是，“考考考——老师的法宝，分分分——学生的命根”。在这种教育背景下，学习压力感已成为中学生心理失调的心理健康问题的主要项目。

情绪波动性仅次于学习压力感。我国老一辈著名心理学家林传鼎教授曾经指出：“中国学生同美国学生在智力方面比较，中国学生有很大优越性，但中国学生情绪不稳定”。林传鼎讲这句话已经过去了几十年，目前的中国学生情绪仍不稳定，这是心理健康的主要问题。

（2）女性中学生与男性中学生心理健康问题的比较。

笔者对4413名男性中学生与4091名女性中学生进行了心理健康的性别研究。结果表明，在这次测试中，女性的心理健康问题比男性的心理健康问题严重，表现在以下6个方面，即强迫、人际关系敏感、抑郁、焦虑、学习压力感、情绪波动性。从总体上看，女性的心理健康问题比男性严重，并且在统计学考验上达到极其显著水平。

女性要适应知识经济时代的要求，就必须提高自身的心理素质。心理健康是心理素质的重要组成部分。从测试的结果来看，目前女性的心理健康水平低于男性的心理健康水平。因此在心理教育中，要根据女性心理特点的实际情况，采用针对性的心理教育措施，切实克服女性心理健康存在的问题，提高她们的心理健康水平。

17.1.2 中学生父母教养方式与心理健康的关系

选用父母教养方式量表与症状自测量表作为研究父母教养方式与心理健康研究的工具。研究结果表明，第一，父母教养方式与中学生心理健康之间有着密切的关系。第二，不同的父母教养方式对中学生心理健康影响的程度也存在差异。

通过相关分析表明，父母教养方式中惩罚严厉、拒绝否认对中学生心理健康的影响要大于情感温暖理解、过分干涉的影响。母亲教养方式中的过分干涉、过度保护、拒绝否认、惩罚严厉对中学生心理健康的影响要大于情感温暖理解方面的影响。

另外，为了进一步分析父母的教养方式对中学生心理健康的影响，又分别做了两方面分组的差异考验。

一是以症状自测量表分量表的得分为分界点，分别考验父母教养方式在这两组上面的差异。结果表明，除恐怖、偏执高低分组，父母教养方式的情感温暖、理解的差异不显著外，其他在父母教养方式上的差异，都达到显著水平。二是按父母教养方式量表分量表得分的平均分，把父母教养方式分为高低两组，分别考验各组在学生症状自测量表十个分量表得分上的差异，结果表明差异都达到显著水平。

从研究结果得出，良好的父母教养方式，如情感温暖、理解型与孩子心理健康问题之间呈负相关，换句话说，良好的父母教养方式与心理健康呈正相关。不良的父母教养方式，如惩罚严厉型，过分干涉型，拒绝否认、过度保护型与孩子心理健康问题呈正相关，换句话说，不良的父母教养方式与孩子的心理健康呈负相关。

多年以来我国家庭教育存在很多误区。父母望子成龙，这是可以理解的。但是，家庭教育存在的误区，阻碍了孩子全面健康成长，也阻碍孩子将来的成长。

很多父母为了孩子的成长和前途不惜牺牲一切，奔波忙碌，却很少反思他们家庭教育的误区。尽管他们心是好的，也付出了巨大的努力，但家庭教育的效果却事与愿违。

17.2　科学的家庭教育

17.2.1　走出家庭教育的九大误区

（1）走出教育孩子无师自通的误区。家庭教育是一门学问，又是一门艺术，不可能无师自通，因此父母必须学习家庭教育的知识与方法。

（2）走出“听话”教育的误区。所谓“听话”教育，限制了孩子独立性的发展和创新人格、创新意识与创新能力的发展，会影响孩子的未来发展。

（3）走出分数教育的误区。唯分数论的家教模式会影响孩子个性的发展，阻碍孩子兴趣特长的开发。

（4）走出重智育轻德育的误区。重智育轻德育，不仅影响了孩子道德品质的发展，也束缚了孩子智力的发展。

（5）走出重视身体健康忽视心理健康的误区。健康的新概念是身体健康与心理健康相统一。

（6）走出重言教轻身教的误区。发扬言教与身教结合、身教胜于言教的中国家教传统。

（7）走出赶浪潮忽视个体差异教育的误区。重视个性差异教育，因材施教，发展孩子的兴趣，发展孩子的特长。

（8）走出孩子只能成功不能失败的误区。世界上没有常胜将军，失败是成功之母，加强对孩子的抗挫折教育。

（9）走出重视认知忽视实践的误区。认知与实践是统一的，人们不仅要认识世界，还要改造世界。

17.2.2 当代合格家长的家教观念

（1）家长要首先受教育。

（2）科学的教育方式。

（3）开放式的家庭教育。

（4）做人教育是家教的核心。

（5）与孩子交朋友。

（6）注重对孩子创新心理素质的培养。

（7）家长要身体力行。

17.2.3 选择科学的父母教养方式

无论是不是有意识的，每个父母都有自己教养孩子的方式。父母教养方式不同对孩子的人格、心理健康、品德都会产生不同的影响。父母不同的教养方式与孩子的学习成绩也有密切的关系。

目前约有三分之二的父母教育孩子的方式不当。这意味着什么呢？父母不要埋怨孩子学习成绩不好，应该检讨自己的教养方式是否得当。

父母改变不当的教养方式就可以使孩子的学习成绩有所提高。

目前中国父母教养方式主要有四种：

（1）过分保护的教养方式。

（2）过分干涉的教养方式。

（3）严厉惩罚的教养方式。

（4）温暖、理解与民主的教养方式。

温暖、理解与民主的教养方式是最好的教养方式，其他三种是不合格的教养方式。

17.2.4 中国父母教养方式的严重问题

笔者曾经使用父母教养方式心理问卷对北京市 961 位中学生进行了调查研究。父母教养方式问卷，调查结果如表 17–1、表 17–2 所示。

表 17–1 父亲的教养方式

教养方式	人数	占比
较少感情温暖、理解	141	15.5%
惩罚、严厉	75	7.7%
过分干涉	289	30.4%
拒绝否认	75	7.7%
过度保护	326	33.9%
正常	288	29.0%

需要说明的是，一位父亲既可能属于过分保护的教养方式，也可能属于过分干涉的教养方式。

在 961 位父亲中，教养方式正常的有 288 人，占总人数的 29%。有 71% 的父亲的教养方式是不正常的、不科学、不利于孩子健康成长的。这应该引起高度重视。

表 17–2 母亲的教养方式

教养方式	人数	占比
较少感情温暖、理解	106	11.1%
过分干涉、过度保护	510	53.1%
拒绝否认	109	11.3%
惩罚、严厉	52	5.4%
正常	320	33.2%

从调查结果来看，大体上可以这样讲，现在中学生的父母所采用的教养方式中，大约有三分之二的人的教养方式是不当的。

中学生正处在心理发育与身体成长的关键时期，父母的教养方式对中学生的心理成长、人格形成及心理健康，都有着重要的影响。

21 世纪的知识经济需要大批高心理素质的人，因此，中学生的心理素质对我国知识经济的发展无疑起着非常重要的作用。在不恰当的教养方式培养下的中学生的心理健康和心理素质，是很难适应知识经济的需要的。这是一个极其严峻的问题。

父母首先要弄清自己属于哪种教养孩子的方式。如果是恰当的、正常的教养方式，那就巩固它、提高它、不断地完善它，如果是不恰当的、不正常的教养方式，就应及时更正，以使孩子在良好的教养环境中成长，发展健全的人格，拥有良好的心理健康水平。这才有可能使孩子成为具有高心理素质的人才，为我国知识经济的起飞，奠定人才的心理素质的基础。

17.2.5 表扬的八大心理艺术

（1）应该重视做人方面的表扬。

（2）精神奖励为主、物质奖励为辅。

（3）表扬的良好心理气氛。

（4）表扬程度与成绩相当。

（5）表扬要考虑孩子个体需要的情况。

（6）表扬要及时。

（7）表扬的方式要变化。

（8）期待要合理。

17.2.6 批评的七大心理艺术

（1）批评要合理。

（2）批评要与教育结合起来。

（3）批评要及时。

（4）批评要考虑行为的动机。

（5）批评要和风细雨。

（6）不要当众批评孩子。

（7）批评要批评在点子上。

17.2.7 亲子沟通的五大原则与十大技巧

亲子沟通是家庭教育中的一个重要问题，很多人反映，和子女不太好沟通，自己费了很大的劲儿，好心好意，但是子女不领情、说不上话。夫妻关系也一样，夫妻关系是人类社会中很重要的一种联结，但是很多人夫妻关系搞不好。笔者还听过一种说法：凑合过。夫妻要做到心理相容。凑合过，怎么心理相容呢？夫妻关系没搞好，很重要的原因是沟通不够，方法不得当。这里侧重讲亲子沟通的五大原则与十大技巧。

亲子沟通的第一个原则是父母与子女平等原则。父母与子女有着血缘关系，从这个意义上说，子女是父母生命的延续，是父母给了子女生命，有一句话说得好，“你陪我长大，我陪你到老”。这是一种感恩的心理。不能忘记父母的养育之恩，但是父母和子女是平等的。父母是子女的监护者和培养者，父母是孩子的第一任导师，父母有义务教育子女成长，但这绝不意味着父母与子女不平等。父母与子女在人权、道德等方面都是平等的。在这个问题上，谁都没有特殊权利，特别是父母，否则就会形成不正常的亲子关系。

最近笔者看了几个高考填报志愿的报道，父母和子女没有沟通好而发生了不愉快的事件。重庆有一个考生，考了 686 分，他要报西安交通大学，而他的父亲坚持要他报东南大学，在争执不下的情况下父亲采取了所谓的“特权”：把孩子按在床上打，在打的过程中，孩子趁机逃跑了，没有回家。父母急得不得了，最后没办法了只能报案，让民警寻找，这就是所谓的“打人特权”。因此，父母与子女都不能有“特权”。

作为子女来讲，也要坚持父母子女平等原则，不能觉得自己是掌上明珠就恣意妄为，“骑”在父母头上。要坚持父母与子女平等的原则，双方都取消不平等的“特权”，才能良好沟通，促进亲子关系的融洽发展。

亲子沟通的第二个原则是尊重子女人格原则。在父母与子女平等原则基础上，父母还要尊重和保护子女的人格。人人都有自尊心，父母在教育过程中一定要尊重子女的自尊心。很多父母不了解人格的重要性。尊重子女人格就是尊重子女人权，保护子女的自尊心，调动子女学习的潜力和积极性。尊重人格对子女良好人格的形成、智力开发都是极其重要的。笔者通过对400位省级高考状元进行面对面、一对一的访谈，对100多位状元父母进行研究得出，状元父母成功的重要因素是尊重子女的人格和隐私权。有一项研究表明，400位高考状元，大部分都从来没有挨过父母的打骂。

笔者经常在讲课的时候问，谁从来没有挨过父母的打骂，请举手，往往是寥寥无几，三五个人而已。笔者也在各种家长家庭教育报告会中当场问过在座家长，从来没有打骂、挖苦、讽刺过子女的请举手，也是寥寥无几。尊重子女人格就能充分发挥子女的自尊心在挖掘潜力上的重大作用，没挨过打骂的子女有很高的自尊心和很强的信心，他能充分调动自己的潜力、发挥自己的学习积极性，学得好，就能考得好，而挨过打骂的学生，虽然已经过去但依旧留在记忆中，会伴随着一种自卑的潜意识，这种潜意识对子女积极性的发挥起到严重的压制作用。为了证实这个观点，2009年，笔者访谈了15个高考状元，对这个问题进行了专项研究，其中14个状元从来没有挨过父母的打骂和讽刺。他们在家里有平等发言权，可以和父母讨论、争论问题，充分发表自己对问题的见解。他们填报志愿完全以自己意愿为主，当然也会听取父母的合理意见。其中只有一个高考状元，他小时候被爸爸打过一次，不是学习上的问题，而是因为与邻居的小孩儿打闹而挨了打。不过，子女成长过程中有过一两次挨打的经历，不能就说父母不尊重子女。

亲子沟通的第三个原则是与子女做朋友的原则。很多父母对子女很亲，这是血缘关系决定的。但是很多父母也感到与子女只亲不密，因为子女有话不愿意跟父母沟通。笔者曾经采访过1999年全国高考北京市理科第二名，北京××中学××的爸爸，他说："父母跟子女处理好关系，不仅要亲而且要密。亲是自然的、血缘决定的，密就不一定了，密需要双方的心理相容。真正做到父母与子女经常交流、无话不说、亲密无间，是很不容易的。"

广东有一个状元家长给笔者讲，她说："我和我女儿的关系就像姐妹一样，我有什么事都给她说，她也是，彻彻底底沟通，心里亮亮堂堂，心中所想的事情大家都明白，这就是朋友关系才能做到的事情。"因此，父母在和子女沟通的过程中，不仅是长者还应该是朋友，这样才能沟通好。

亲子沟通的第四个原则是换位思考原则。要想亲子关系变亲密，要想子女和父母沟通好，一定要换位思考，做到相互理解、相互体贴。沟通不好往往是因为大家站的角度不一样。这样一来就会影响沟通。如果换位思考，很多问题都可以迎刃而解。

例如，有些父母因为子女回家晚了，心里很着急，回来后就唠叨几句。子女往往也不理解，就觉得父母整天唠叨，一天到晚强调安全性，哪里会出事。直到有一次孩子说："我妈妈去小姨家，说六点回来，可是到了六点没有回来，我等到六点半就急了，后来去街上等，心想我妈是不是出什么事了，这时候才想到，我回来晚我妈唠叨我，这是可以理解的，我妈就这一次回来晚我都着急，何况我经常回来晚呢？我妈能不着急吗。"这就是通过换位思考做到了解决沟通存在的障碍。

亲子沟通的第五个原则是以心换心原则。所谓以心换心原则就是，父母和子女在沟通中要诚心诚意进行交流，不是留一手、套话。父母套子女的话，子女就不敢说真话。尤其子女害怕父母责备自己的缺点，撒谎或敷衍了事。以心换心就是要敞开心胸来讲，说真话、说实话，实事求是进行交流，就是出现一些问题相互也可以谅解。现实生活中有个别子女谎话连篇，往往是父母教育不当引起的。子女出一点小错就打骂，久而久之子女就形成了说假话的习惯。所以子女说假话的坏习惯是父母逼出来的，父母要是诚心诚意、以心换心地同子女交流，就可以避免出现这些问题。双方实事求是，一切迎刃而解。

父母与子女沟通的五大原则是指导父母如何与子女沟通，沟通需要一个方向，离开了这个方向，沟通就会遇到困难和失败。

亲子沟通的第一个技巧是沟通之前父母与子女共同做王极盛健美幸福操。王极盛健美幸福操有一个重要作用，一做就笑，一笑就心情舒畅，一心情舒畅大家就有话讲，"酒逢知己千杯少"。要有这样一个状态，就可以沟通得好，所以让大家先做做王极盛健美幸福操，调整一下心态，在有利于沟通的心态条件下进行沟通，才能沟通顺畅。

亲子沟通的第二个技巧是正确使用语言。中国有句古话，“说话听音，锣鼓听声”。说话的语音、语气、动作、姿态、表情都能表达说话人的态度和情感，父母和子女沟通是亲人之间的沟通。有人认为无所谓，话轻话重都可以，特别是不少父母认为父母说什么子女就该听什么。其实这是错误的认识。如果父母这样沟通肯定是要失败的，不仅容易造成孩子的抵触情绪，还可能发生冲突，因为没有尊重子女的想法。

那么，父母和子女在沟通方面怎样才能正确使用语言呢？据笔者的研究，笔者认为以下几点非常重要。第一，使用语言文字意思明确，不能模棱两可使子女产生误解。第二，要用子女容易接受的语言文字，多用陈述性的、尽量少用挑战性的文字。第三，使用语言要富有鼓励性，不能平淡无味。第四，每次使用语言要有变化，不能一个腔调一个模式。第五，说话时使用生活语言，不要陈词滥调、空话套话。亲子关系非常密切，没有必要说套话官话，直截了当，该说啥就说啥。第六，说话要言之有理，不能靠感情和愿望讲话。第七，说话语言要净化，努力做到言语美，避免说脏话。父母说话还要注意不要对子女和亲朋好友、老师使用攻击性和侮辱性语言，这样会使子女不愿与父母沟通。

亲子沟通的第三个技巧是诚恳听子女说话。父母与子女沟通的效果好坏，很大程度上与父母如何听子女讲话有关系。有的父母认为子女爱说话，就一边听孩子讲话一边干别的事，心不在焉。子女会觉得，既然你这样对待我，我以后就不给你讲了。因此，为了沟通更有效，父母应该学会听话的技巧。

第一，父母在和子女进行沟通时，注意力要集中，要把注意力放在听子女说话上。不要做别的事，不要打电话、看短信、东张西望。这实际上是给予子女尊重，你尊重他，他就会真心实意和你沟通，你不尊重他，他就会敷衍你。第二，父母与子女沟通时，不要轻易打断子女讲话，必要时可以做一点记录。如果没听清问题，等子女说完再问，不要一边听一边打断，这样也会打断他的思路，影响沟通效果。第三，父母与子女沟通时，最好神态自然面带笑容。即使子女犯错了，也要心态平和。这样，子女就愿意把自己的话说出来，愿意把自己的困难告诉父母，也愿意得到父母的开导和帮助。第四，可以进行适当的交流、发表看法、提一些改进措施。

亲子沟通的第四个技巧是选择适当的沟通时间。父母与子女沟通在什么时间进行是很重要的，因此，要选择适当的沟通时间。一般来说，在子女集中注意力学习的时候，父母不要跟子女沟通。此时沟通会影响子女复习和学习的计划，子女会烦躁，如果出现烦躁的情绪就会影响沟通效果。当子女休息的时候，或者他有需要跟你沟通，有话和你讲的时候，沟通效果就比较好。

亲子沟通的第五个技巧是选择适当的沟通地点。沟通地点很重要，不能在亲朋好友面前批评子女，也不能在子女的同学面前批评子女，要在比较轻松的地方，比如说散步、拉家常等心情比较舒坦的时候，此时子女心情比较放松。

亲子沟通的第六个技巧是选择双方心态比较平和的时候交流。交流是双方需要，心情好的时候交流就顺畅。一方和双方心情不好的时候，就不要沟通。否则不仅谈不出什么东西来，弄不好还会出现冲突。心情好，交流好；心情差，交流差。子女考试前心情都比较紧张，这时就不要唠叨，容易对孩子产生刺激。

亲子沟通的第七个技巧是父母不要唠叨。有一些父母和子女沟通，唠叨不断。“你就是马虎，你再马虎问题就大了。”反复讲，子女心里就火了。这样讲效果就不好。

亲子沟通的第八个技巧是和子女沟通讲话以鼓励表扬为主。父母在谈话中发现子女的问题，也应该适当提出一些建议，但是不能武断进行，子女的成长过程中总会有他的长处，对子女的长处要适当给予鼓励，使子女继续前进，对子女的缺点甚至错误的地方要适当提出批评并给出建议。要以向前看的眼光对待子女，屡犯的错误要提醒子女，不能一棒子打死。表扬为主，批评为辅，不能全是表扬，也不能只批评不表扬。

亲子沟通的第九个技巧是对子女不说威胁的话。有些父母和子女沟通经常说一些威胁话，态度很严厉，语言很生硬，对子女造成很大的心理刺激，使子女内心受到很大挫折。这样的沟通起不到鼓励子女的作用，反而会使子女受到心理上的打击甚至创伤。这样很影响交流效果。

亲子沟通的第十个技巧是适当使用精神刺激和物质刺激。有些父母为了使子女改正错误，调动子女的积极性，总是以给子女买东西来刺激子女。父母与子女在沟通中可以适当使用精神刺激和物质刺激，但是要以精神刺激为主，从子女内心需要的角度进行刺激才是有效果的。如果经常使用物质刺激，但从不兑现，物质刺激就很难获得效果。

17.2.8 状元家长家教的六大秘诀

状元的家庭教育是成功的典型。状元的成功并不是高不可攀，状元家庭教育的经验并不是不能学习的。状元是人，状元的家长也是人，状元的家庭教育对我们有普遍的启发与借鉴。

（1）做人教育是状元家教的灵魂。

（2）家长的表率作用。

（3）尊重孩子的人格。

（4）民主的家庭教养方式。

（5）不给孩子学习加压。

（6）从小培养孩子好的习惯。

17.2.9 怎样帮助孩子学会记忆

（1）防止孩子记忆的两种偏向：片面重视记忆，死记硬背；不重视记忆，不学习记忆的方法和策略。

（2）怎样才能防止遗忘：及时复习。

（3）掌握最佳的记忆时间：每天早上起床后半小时，晚上睡觉前半小时。

（4）合理用脑。

（5）稳定愉快的情绪。

（6）集中注意力。

（7）帮助孩子加强理解。

（8）学会运用记忆术。

（9）适当的营养。

（10）享受清新的空气。

18　高考心理

1995年开始，笔者进行了大量的调查研究与实证研究。最终，总结出高考成功或者说考试成功的公式，即考试成功≈实力＋心态。

实力是考试成功的硬件，考试成功的基础；心态是考试成功的软件，起调节作用。

实力和心态二者同样重要，缺一不可，越是接近高考心态越关键。笔者几十年的考试心理研究说明，中国大部分家长、大部分考生和部分老师对考试实力即文化课成绩非常重视，甚至用题海战术，但是对心态的问题，不重视，不会操作，这会吃大亏。

18.1　高考心理调节

调节好心态，考试就成功了一半。

实力是考试成功的基础，是考试成功的硬件。心态是考试成功的软件，起调节作用。

硬件与软件在考试成功中同等重要，缺一不可，越是临近考试，心态的调节越重要，越关键。

18.1.1　树立心态就是分数的理念

心态就是分数的五个根据：调节好心态，超常发挥，50分到100分不是梦；因为心态不好丢10分、20分的大有人在，甚至得0分；平时考得好，大考未必考得好，关键在于心态；平时考不好，大考未必考不好，关键也在于心态；心态好，提分快，心态差，丢分快。

笔者从5个方面论证了心态就是分数，这是笔者研究考试心理所取得的重要研究成果。一般人都认为，学得好考得好，认为把基本知识、基本技能掌握了，特别是学会运用知识解决问题就够了，其实不然。考试过程和学习过程必然伴随着心理活动，是在心理活动的背景下进行的，因此，心态状况对考试成绩具有重大的、不可忽视的作用。因此，如果我们对“心态就是分数”这个理念有正确的把握和认识，并且运用在实践过程中，就会学得好，考得好，就会事半功倍。但如果认为只要掌握了知识，只要会运用知识，就会考得好，学得好，则可能会事倍功半。

（1）调节好心态，高考超常发挥 50~100 分不是梦。

笔者多年的调查研究表明，心态好能使考生超常发挥，甚至提高 50~100 分，笔者掌握这样的实例很多。例如，北京 ×× 中学的考生陆 ××，期末成绩 596 分，年级排名 12，二模成绩 604 分，年级排名第 8。高考时他心态好，越考越放松、越考越来劲、越考越疯狂，最后竟然达到 704 分，整整比二模提高 100 分，成为当年北京市理科状元，创当年北京有史以来理科最高分，考至清华大学数学系。这样的情况不仅在高考中屡屡出现，笔者也对一些中考学生进行了调查研究，2016 年 3 月，笔者在新乡县 ×× 中学进行高考心理调节时，就当场问了不少考生，他们是否有心态好超常发挥的经历，几乎问到的学生都答道，说因心态好自己中考有提高 40~60 分的。笔者在北京大学新航线夏令营的心理调节课上也常问学生，的确有不少学生统考考得很好。一位密云的考生说因为他心态好，中考超常发挥 60 多分。笔者也问了一些辽宁、内蒙古等夏令营的学员，他们都有过因心态好而发挥好的案例。还有一个考生给笔者讲，他有一次参加模拟考试，考前发高烧，他妈妈说不要去考了，去了也考不好。他说我还是要去试一试。由于自己想试一试，没把它看得很重要，心里很放松，没想到这次考试考出了他过去没有考到的分数。因为他心理压力小，非常放松，使大脑充分发挥潜力，大脑系统信息传递加快，联系紧密，取得了超常发挥的成绩。

（2）心态不好，发挥失常，丢 10~20 分的大有人在，甚至有人丢 360 分，更有甚者高考得 0 分。据笔者初步推测，每年高考都有大约 50% 的考生没有考出平时的水平，丢了 5~20 分的大有人在。有的考生高考后非常感慨地跟笔者说，王教授，真怪了，有几道题平时做得滚瓜烂熟，到了考场再做就不会做，脑袋是空的，出了考场马上就想起来怎么做了。这种现象，不少学生都有亲身体会，更有甚者丢几百分。山西省康杰中学是一所名校，经常出省级高考状元，他们的一个状元曾经给笔者讲：“王老师，我从来都没想到我会成为省级高考状元，我的成绩就在年级排第 30 名，没想到这次我心态比较平和，发挥好成了省级高考状元，其实我们班里有两个同学成绩特别特别好，每次模拟680分，我离他们有相当的距离。我们班有一个考生去年高考仅差1分没达到清华大学录取分数线，今年复读一年想要考清华大学，而且他每次模拟考试都在年级第一、第二名。结果令我们大家感到诧异的是，他今年竟只考了370分左右。我们老师、学校申请相关部门看到了他的卷子，从卷子能看出他当时高度紧张，因为卷子一片空白。而这种所谓的中等题、难题对平时的他来讲完全没有任何问题。但他就是越怕丢分越紧张，越紧张越做不出题来，如此恶性循环，最后意想不到高考仅得了370分。”

（3）平时考得好，高考未必考得好，关键在于心态。不少考生和家长都认为平时考得好，高考一定考得好，这种理解是有一定道理的，但是实际生活中却并非如此。个别人因为平时考得好，使心态逐渐产生变化，骄傲自满，自以为是，忽略了考前的训练，结果高考时反而没考好。山西有一个考生，成绩特别特别好，在全省的模拟考试中，每次都是全省第一，他们的校长、老师、同学都认为当年省文科高考状元非他莫属。很多不知其名的人称其状元。结果因为他高考的时候害怕犯错，总是想保住状元的地位，最后一本分数线都没达到。当然，这是一个典型案例，在实际生活当中，高考成绩没有达到自己平时水平，或者比平时差很多，这是存在的。其中一个非常重要的原因就是心态问题。

（4）平时考不好，高考未必考不好，关键在于心态。有不少考生一模二模没考好，但他们总结了没考好的原因，特别是在心态方面进行了很好的调整，结果高考考得很好。例如，辽宁省大连市二十三中学生黄 ××，她一模没考好，但是她心态很好，很快把心态调整过来，结果高考以638的成绩考至北京大学理学院，成为当年辽宁省的文科状元。他们年级还有一个小女生，平时成绩和她一样好，也是一模没考好，但是这个小姑娘心态没调整过来，心态比较差，高考时比黄 ×× 差了80分，说明了心态就是分数。这也说明，高考时心态的重要性。

（5）心态好，提分快；心态差，丢分快。在高考时，心态的变化就能转化为分数。心态调整好，会超常发挥，心态调整不好，会导致发挥失常。超常发挥提分，失常发挥丢分。失常发挥丢分的案例之前也见过，考试时写字发抖的考生，用心理学的话来说，就是焦虑引起的书写痉挛。云南省有一个考生叫刘 × ×，当年高考有一道数学题很难，她做了将近 20 分钟没有做出来就想放弃，转念又想自己每一次都是云南省第一，所以但凡有一个人能做出来就应该是她自己。她的心态一改变，马上信心就上来了。一有信心很快就出现了解题思路，几分钟就把这道题做出来了，最终成为当年高考云南省理科状元，考取了清华大学计算机系。文化课的提高要循序渐进，如果有人声称，一个晚上文化课可以提高 50 分，那就是忽悠。心态的变化，对分数提高会达到立竿见影的效果。心态好，高考超常发挥 50~100 分不是梦。

18.1.2 考生考前普遍存在不良心态

考前不良心态必须调整。笔者对考生的调查研究，个案研究与实证研究结果表明，相当多的考生考前心态不好，因此，考前必须调整心态。考生考前普遍存在同样的心态，笔者设计了考前心态调查问卷，对考生考前心态进行了研究，调查结果如表 18–1 所示。

表 18–1 考前心态调查结果

项目	无	轻度	中度	偏重	严重
对高考信心不足	22.9%	44.3%	24.3%	6.4%	2.0%
怕考不好时父母失望	9.6%	31.1%	30.7%	21.1%	7.5%
高考是终身大事，我紧张	20.7%	38.9%	27.5%	9.6%	3.3%
高考是命运的决战，我紧张	32.9%	37.9%	20.7%	5.6%	2.9%
怕考不出水平	23.6%	37.1%	23.9%	10.8%	4.6%
考不上理想大学影响自己理想的实现	23.9%	31.8%	28.9%	8.6%	6.8%

考生过重的心理压力会使考生心理状态失调表现如表 18–2 所示。

表 18–2 心理状态失调调查结果

项目	无	轻度	中度	偏重	严重
心慌意乱	51.1%	30%	11.8%	5.4%	1.7%
注意力难以集中	23.2%	41.4%	20.7%	9.6%	5.1%

续表

项目	无	轻度	中度	偏重	严重
烦恼	25%	42.1%	20.7%	5.7%	6.5%
爱发脾气	37.9%	39.3%	14.6%	5.7%	2.5%

考生过重的心理压力与心态失衡也造成了生理状态的不适应，如表 18–3 所示。

表 18–3　生理状态的不适应调查结果

项目	无	轻度	中度	偏重	严重
食欲不振	50%	27.5%	12.9%	6.4%	3.2%
睡眠不好	44.3%	25.7%	15%	9.6%	5.4%
口干舌燥	55.4%	31.4%	5.4%	6.4%	1.4%
心跳加快	53.2%	28.9%	12.6%	3.9%	1.4%

由于考前考生心态紧张造成一模二模不理想的调查结果如表 18–4 所示。

表 18–4　一模二模不理想的调查结果

项目	无	轻度	中度	偏重	严重
一模二模平时熟悉的知识回忆不起来	27.1%	37.1%	25.7%	7.5%	2.6%
一模二模思维不流畅	21.4%	43.8%	23.6%	8.2%	2.9%
一模二模写字不流畅	65.7%	22.5%	7.8%	3%	0.4%

上面列举的考生考前心态说明，不良心态、信心不足占的比例较大，而这些心理因素正是影响考生正常发挥的重要因素。为什么很多考生发奋图强，挑灯夜战，考试成绩却不理想，为什么很多考生高考发挥不出平时水平，考前存在不良的心理因素，正是这些因素导致的。

所以笔者再次呼吁考生和家长要像重视学习一样重视心态的调整，否则的话，可能辛辛苦苦几年都结不出应有的考试硕果。不是考生没有实力，也不是考生不努力，有实力也努力了，但没考出水平，这多么遗憾。为什么不想办法在高考时把平时的水平发挥出来，让自己做到无怨无悔呢。家长的付出，无论在物质还是精神上的都是很多的、代价也是很大的，但只有愿望是不够的，要把愿望统一起来，就是重视心理因素、重视考前心态调节，帮助孩子学会心态调节。

笔者的调查结果表明，对高考信心不足者占 71.1%，怕考不好使父母失望者占 90.4%，高考是终身大事使我紧张者占 79.3%，怕考不出水平者占 76.4%，考不上理想大学会影响自己理想的实现者占 76.1%。

过多的心理压力使考生的心理状态失调：心慌意乱者占 48.9%，注意力难以集中者占 76.8%，烦恼者占 75.0%，爱发脾气者占 62.1%。

过多的心理压力和心态的失衡也易造成考生生理状态的失衡：食欲不振者占 50.0%，睡眠不好者占 55.7%，口干舌燥者占 44.6%，心跳加快者占 46.8%。

考生考前心态紧张造成一模二模失误：一模二模时平时熟悉的知识回忆不起来者占 72.9%，一模二模时思维不流畅者占 78.6%，一模二模时手僵、书写不流畅者占 43.3%。

考生心态在高考成功中占首位：研究表明，考生考试中心态占第一位；考生考前的心态占第二位；考试的学习方法占第三位；考生的学习实力占第四位。

18.1.3　考试发挥是关键

良好的心态即对考试充满信心，斗志昂扬，情绪稳定而饱满，意志坚强，判断果断，在这种良好的心态下就能充分调动和发挥人的智力因素，使人的观察力敏感而准确，使人的思维力灵活，具有深度和广度，使人的想象力丰富而生动。良好的心态还可以提高人的智力因素效应，从而获得良好的成绩。反之亦然，考试时心态不好，会使人丧失信心，使人情绪焦虑、抑郁，在这种心态作用下，人的智力因素、观察力。记忆力、思维力、想象力、动手能力会被压制，难以发挥出正常水平，因此，考试成绩下降。建议考生家长和老师一起树立考试成功的一个重要理念：发挥是关键，要努力营造良好的心理气氛，建立良好的心理状态，充分发挥智力因素的效应，考出好成绩。

18.1.4　学生调整心态的具体方法

（1）暗示、模仿、感染是调整心态的重要方法，不仅能使考生提高学习成绩，而且能改善人际关系、提高心理健康水平。

（2）王极盛健美幸福操是行之有效的调整心态的方法，使学生明显提高学习成绩，明显提高心理健康水平，明显改善人际关系。

王极盛健美幸福操的五个心理学原理：笑的心理效应，积极暗示的心理效应，大脑两半球协调的心理效应，按摩劳宫穴的心理效应与心胸开阔的心理效应。

（3）王极盛调整考试心态的16字诀：强化信心、优化情绪、进入状态、充分发挥。

信心就是考生相信自己的能力，相信自己的水平，相信自己能在考试中考出自己的水平，能正常发挥自己的能力，获得与自己的能力、水平相对应的高考成绩。考生信心一方面是建立在考生的学习能力与学习水平基础上的，另一方面也是建立在学生心理素质的基础上的。信心在高考成功中的作用是高考成功的灵魂，是高考成功的精神支柱。考生充满信心就能在高考中发挥自己的实力和水平，就能考出与自己实力、水平相适应的高考成绩。信心能调动考生的智力因素和积极情绪，克服困难的心理动力，增强自我暗示。

增强信心的十种方法：学会微笑；挺胸抬头走路；运用积极的自我暗示；不打疲劳战；不要迷信；高考期待目标要适当；不要攀比；多做容易题；多和同学、老师、家长交流；增强学习实力。

高考良好情绪的标准是情绪比较平静，情绪比较饱满，会控制自己的情绪。

情绪在心态调整中的作用是增强信心，提高学习效率，发挥积极暗示的作用，对生理机能的积极影响，对外部行为的积极调整。

十种调整情绪的方法：宣泄法（包括谈话法、书写宣泄法、运动宣泄法、出气宣泄法、哭泣宣泄法）；深呼吸法（缓慢有节奏地吸气，停一两秒钟后张开口小口徐徐地呼气）；平常心法；自我暗示法；按摩内关穴法；音乐调整法；环境熏陶法；幽默调节法；语言诱导肌肉放松法；想象调整法。

考试良好心态调整的标准是有信心，情绪稳定而饱满，注意力集中，精力充沛，智力活动正常。

状态决定发挥。充分调整状态，有利于心态的稳定，有利于发挥正常水平，力求超常发挥。进入状态的六种方法：学会高考，适应高考；不要跟自己过不去；适当做题；调节生物钟；防止偶发意外事件的干扰；正确对待高考前夕的休息。

充分发挥的六种方法：战略上藐视，战术上重视；调整好心态；先易后难；看题要准、快、全；充分发挥记忆力的作用；发挥思维力的作用。

解决记忆阻塞的五种方法：把试题暂时放一放；利用联想；利用后面的试题与答案来启发；稳定心情；以平常心对待。

人的创造性思维潜力很大，关键在于后天的训练，在于坚持训练。每天玩一分钟，训练发散思维。例如，自问自答“砖头有什么用途？”“杯子有什么用途？”“笔有什么用途？”十秒钟答出十个算及格。这叫物品特殊用途法的发散性思维训练。

防止与克服强迫现象的三个方法：培养外向型人格；不要过于苛求自己；考试中做选择题时重视第一印象的选题。

防止与克服考试焦虑的三个方法：区别考试前的紧张和考试焦虑是两回事；正确对待考试的压力；以平常心对待高考。

防止与克服考试抑郁的方法：正确对待高考前的所有考试，考好了应该高兴，考坏了应该庆幸，这意味着暴露出自己的问题，给自己查漏补缺的时间，如此一来，考坏了反倒成了好事情。

（4）高考倒计时 100 天心态的调节方法。

高考倒计时 100 天调整心态的四个理念：调整心态是贯彻在高考前、高考中和高考后的各个时期的；每个时期的调整内容有所不同，不能用千篇一律的方法去调整；两手抓，一手抓硬件——充实自己的学习实力，一手抓软件——调整自己的心态；调整心态要因人而异。

3 月份调整心态的三个方法：跟着老师走，有条不紊地推进，有利于心态稳定；防止和克服 3 月份容易出现精力分散、心情烦躁的心理问题；统筹安排，学会放弃。

4 月份调整心态的关键在于用正确的心态对待每一门考试，根据自己考试暴露的问题查漏补缺，对暴露出的心理问题不断加以调节。

5 月份调整心态的关键在于有效地解决“高原期”问题，以及调节生物钟问题。

调节生物钟的五种方法：严格作息；在有效的时间内争取更高的学习效

率；复习时间的安排要符合考试科目的时间安排；劳逸结合；排除干扰。

高考前十天的十要十不要：要相信自己，不要迷信；要心平气和，不要心情烦躁；要自我减压，不要自我加压；要生活有序，不要生活无序；要打效率仗，不要打时间仗；要适当进行文体活动，不要剧烈运动和过度上网；要注意饮食的心理卫生和生理卫生，不要一边吃饭、一边讨论、一边看书；要适当做卷子，不要只看不做；要做好考试的物质准备，不要仓促上考场；要睡眠充分，不要开夜车。

6 月 6 日调整心态的十个建议：争取在 6 点到 6 点半起床；上午 9 点开始适当做点语文卷子；中午保证半小时到一小时的午觉；下午 1 点做点数学卷子；保证晚上 11 点睡觉，不要提前；早中晚三餐像过去一样进行，吃的一样；这一天要适当运动；要适当娱乐；不讨论高考的事情；做好高考用品准备的检查工作。

（5）高考期间考试心态调节方法。

6 月 7 日快速调整心态的三部曲：第一部曲，考生从家里和学校到考场的路上，看到自己的老师和同学主动问好，“同学好”“老师好”，同学和老师也会回答“你好”，“你好我好大家好”，大家的心态就会平和；第二部曲，进到考场教室，要热情地看着老师的眼睛，大声说：“老师好”，监考老师也会说“你好”，连监考老师都说我好，我还会差吗？增加力量感、信心感；第三部曲，在自己的座位上坐下后，默念三遍“我一定会成功，我一定会成功，我一定会成功”。经过快速心态三部曲调整，考生就会以良好的心态迎接高考。

6 月 7 日调整心态的七个重点：早晨按时起床，按时吃饭；适当地提前进入考场，最好能在 8 点 40 分左右进入考场；注意随时调整心态；运用考试策略和技巧；中午休息半小时到一小时；考一门算一门，不对答案；注意总结经验教训。

6 月 8 日调整心态的三要点：总结 6 月 7 日的考试经验；保持良好的生理节律和心理节律；不想考试过后的事。

考试策略和技巧：看清试卷要求；合理安排答题顺序；合理安排时间；认真审题；运用发散思维；保持卷面清楚；认真检查答卷。

高考结束至发榜前的心态调整：休息好，力求睡眠好；防止“三疯”——疯玩、疯吃喝、疯睡；与家长讨论如何填报志愿的问题。

高考发榜后到入学前调整心态的五个要点：总结中学生活；提高自我管理能力，适当地进行心理调整；适当学习，特别是学好英语；做好入学前精神和物质准备。

上大学后调整心态的五个要点：适应学习方法的转变；处理好人际关系；正确对待恋爱问题；学会自我管理；学会具体调整心态的方法。

落榜生调整心态的三个要点：正视现实；迅速调整心态；重新选择。

18.1.5 老师帮助学生调整心态的方法

班主任抓好学生心态调整，是学校迎接高考工作的重中之重，营造班级良好心理气氛就是调整考生心态。

考前学校组建学习辅导、心理辅导两套班子对提高学生考试成功的硬件和软件非常有效。

考前老师帮助学生调整心态的具体措施是，班主任抓好心理辅导；班主任与家长沟通；营造班级良好的心理气氛；任课老师相互配合；考前不搞倒计时；学校搞好学习辅导、心理辅导两套班子。

18.1.6 家长帮助孩子调整心态的方法

家长帮助孩子调整心态的四项须知：每个考生都有心理问题；心态对高考非常重要；心理问题可以自我调节；心理调节不可能一劳永逸。

家长要以自己的良好言行帮助孩子调整心态。不同时期家长应侧重解决孩子不同的心理问题。家长要主动与老师取得联系，准确地帮助孩子调整心态。家长一言一行通过暗示、模仿、感染直接和间接地影响孩子的心态，从而影响孩子成绩。

考前不仅孩子要调整心态，家长也要调整心态。考前家长要做好十件事：家长情绪力求稳定；家长心情要愉快；只告诉孩子一句话：“只要尽力就行了”；创造安静的学习环境；让孩子多参加娱乐运动；确保孩子的健康；帮助孩子调整心态；防止对孩子过分关注；帮助孩子准备一个小药箱；督促孩子做好考前高考用品准备。

6 月 7 日、8 日家长的六大注意事项：不问考试题的难度；不问分数；不唠叨；不警告；以平常心对待孩子的起居；不接送陪伴孩子考试。

家长走出过分关心的六个误区：请假在家；在家陪读；不断送茶水、水果；盲目买教辅材料；代替孩子做高考的物质准备；送孩子上考场。

家长走出过分监督的四个误区：不许看电视；不让接电话；不能看课外读物；给孩子制订学习计划。

家长走出过分期待的两个误区：期待的高校等级过高；报考志愿过高。

家长走出只关心身体健康，忽视心理健康的误区：全家的重点保护对象；忽视孩子心理健康。

家长走出重言教轻身教的四个误区：电话不断；看电视剧不断；搓麻将不断；争论不断。

家长走出重时间轻效率的三个误区：不间断地学习；长假不休息；“抓紧时间”“好好学习”的口头禅。

家长走出每次考试成绩都要非常好的两个误区：每次考试成绩都好；太看重分数。

考前考中家长要做到的五不要：不要给孩子提出考试具体要求；不要议论填报志愿的事情；不要唠叨、许愿、威胁；不要送孩子上考场；不要问孩子考试情况。

18.2 学习方法

学好文化课的方法论七要素：智力因素、非智力因素、学习心态、学习习惯、学习方法的一般规律、学习策略、九门课的学习法则。

提高观察力、记忆力、思维力、想象力与实践能力，特别是创造性思维与实践能力，是构成学习方法论的智力的组成部分。兴趣、意志与勤奋等是学习方法论的非智力因素的组成部分。情绪稳定、乐观、学习态度好等是构成学习方法论的心态的组成部分。善于预习、多想多问等是构成学习方法论的学习习惯的组成部分。课前预习、课上认真听讲、课后及时复习等是构成学习方法论的一般学习方法的组成部分。

18.2.1　每月提高 15 分的十个策略

每月提高 15 分的十个策略：小步子，大目标；抓好课上 45 分钟；力求考试的科目平衡发展，解决偏科问题；强强补弱，重点补弱；时间与效率并重；充分利用每人每天记忆最好时间（每天睡觉前半小时与起床后半小时）；文理科交叉复习，或者理文科交叉复习；跟着老师走；学会放弃；心态好，复习好，考得好。

18.2.2　九门课的黄金学习法则

语文、数学、英语、物理、化学、生物、政治、历史、地理的学习要诀是学习方法论的具体课程的黄金学习法则的组成部分。

做好作文的黄金学习法则：看准题，就抓住了作文成功的方向；要有创意，这是作文成功的灵魂；结构合理，这是作文成功的基础。

准备作文素材的要诀：看登载在《青年文摘》《读者》等杂志上的优秀作文 50 篇，用 50 个字把每篇文章的要点记录在笔记本上，以后只要看 50 个字的摘要就想起那篇文章的整个内容。

模型解题法是学好数学、考好数学的黄金学习法则：每做两道同类型题就思考这类题的共同思想是什么，解题的方法是什么，步骤是什么，把它记在脑子里，以后一看到同类型题，解题的思路就会在头脑中出现，迎刃而解。

大声朗读课文是学好英语、考好英语的黄金学习法则：熟读英语课本，一有时间就大声朗读，既提高了自己的口语能力，又锻炼了自己的听力。

学好做实验是学好物理、考好物理的黄金学习法则：掌握做物理实验的基础理论知识，熟悉做实验的操作方法与步骤，写好做物理实验的总结，这样把物理基础知识和方法融会贯通，就能学得好、考得好。

运用元素周期表把无机化学与有机化学分别建立知识网络体系，是学好化学、考好化学的黄金学习法则。

经常运用生物学的知识与理论解答日常生活中和科学上的生物学问题，是学好生物学、考好生物学的黄金学习法则。

每道题从哲学、政治经济学、社会发展史三个角度来分析问题，每个问题要回答是什么、为什么、如何办，是学好政治、考好政治的黄金学习法则。

掌握历史事件的五个要素是学好历史、考好历史的第一个黄金学习法则：每个历史事件有五个要素，即该历史事件发生的地点、时间、主要代表人物、情节、历史意义。

把学过的历史课本的目录背下来是学好历史、考好历史的另一个黄金学习法则。

学会画地图是学好地理、考好地理的一个黄金学习法则，把地图刻在脑中是学好地理、考好地理的另一个黄金学习法则。

18.3 填报志愿

18.3.1 填报志愿的八字方针

填报志愿的八字方针：知己知彼，积极慎重。

怎样做到知己：要了解自己考试总成绩；了解自己的总分在学校、区里、市里，特别是省里的排名位置；了解自己报名专业的相关成绩分；了解自己是否有加分；了解自己的体检情况。

怎样做到知彼：了解报考学校的录取分数；了解该校报考志愿是否有分数积差；了解所报学校招生的大小年情况。

怎样做到积极慎重：实事求是的态度，不要前怕狼后怕虎，不要太悲观，不要太低估自己，不要缩头缩脚。

所谓“慎重”，不要盲目自大，自以为是，不从实际出发，就高不就低；要切合实际，在某种程度上要留有余地。

填报志愿不是开玩笑，不是脑袋一热就能冲上去的，靠的是实际的分数。

18.3.2 填报志愿的八项注意

填报志愿的八项注意事项：充分掌握高考招生的信息；充分咨询；填报志愿是学校重要还是专业重要；兼顾实力与兴趣；充分重视第一志愿；要填好平行志愿；填报志愿要考生做主；意见不一致要心平气和。

要抓住高考招生志愿信息的重点：了解当年高考的形势，考生填报志愿按批次按顺序填报的具体情况；反复研读所在省当年全国高校在该省的招生章程、招生专业、招生人数等；反复研读全国普通高校在该校招生录取分数近几年的统计资料；向所在学校的教务处专管填报志愿的老师咨询，向要报的学校的招生办在该省的工作人员咨询，是咨询的重点。要充分重视该校负责填报志愿的老师的意见。

高考成绩好的考生在专业和学校的选择上可考虑以学校为主；高考成绩中等的考生，要两者兼顾；对于高考成绩差的考生，在专业和学校的选择上，争取有大学可以录取，在学校选择上，最好选能源、林业、水产、农业等未来就业条件相对比较艰苦的学校。

填报志愿实力是前提、基础，当然也要考虑到自己的兴趣爱好，但是不能兴趣至上。

实力允许考虑兴趣就考虑兴趣，实力不允许考虑兴趣，考虑兴趣也没有用。

填报志愿重视第一志愿，是高考成绩能否成功录取的一个重要问题。

平行志愿录取方式按照“分数优先，遵循自愿”。

填好平行志愿的秘诀是，够一够，稳一稳，保一保。

填报志愿需要家长和考生的密切配合，出现不同意见是太正常不过的，要充分讨论，均衡方案的利弊，最后由学生来做主。

家长与考生填报志愿时意见不一样是正常的，一定要心平气和，不要气急败坏，脾气暴躁容易影响判断，以情感代替理智，影响填报志愿的准确性和科学性，最后吃亏的是学生。

18.3.3 填报志愿的十个误区

防止与克服填报志愿的十大误区：从众心理造成的盲目跟风误区；要走出盲目攀高的误区；盲目填不服从调剂的误区；只填报第一志愿的误区；不了解平行志愿填报的要求的误区；只求有大学上的误区；忽略专业对身体要求的误区；填报志愿不规范的误区；只填本省和大城市的误区；为哥儿们义气填报志愿的误区。

填报志愿时特别警惕招生陷阱，特别警惕填报志愿的迷信思想。

有人说，“考得好不如报得好”，这句话有片面性，但也有一定的道理。我们提倡的是，既要考得好，也要报得好。

填报志愿是一门学问，一定要充分咨询，一定要知己知彼，一定要充分比较填报志愿的不同方案，一定要充分讨论、集思广益、均衡利弊，克服不良的心态的干扰，达到成功填报志愿的目的。

高考成功三个大环节：报名的政治审查与体检；考场的考试成绩；填报志愿。这三个环节相互联系，相互制约，不能相互取代，缺一不可。

九种不良心态（冒险、自负、冲动、攀比、依赖、自卑、侥幸、烦躁、恐惧）是影响考生科学地、正确地填报志愿的重要原因。

考生与家长成功填报志愿的16字诀：充分讨论，民主协商，家长参谋，学生决定。

19 超常教育

所谓超常教育，指的是对智商超过常态同龄人的少年儿童的教育。在欧美通常称为“天才教育”，在日本通常称为“英才教育”，在我国台湾称为“资优教育”。

个人认为，把智商超过常态同龄人的青少年的教育称为超常教育，这个超常教育包含的范围太窄。

人的心理差异是客观存在的。人的心理差异，不仅表现在智力发展水平方面——即智力发展水平超常、智力发展水平常态、智力发展水平低下三类——同时表现在智力的特点方面。超常儿童的超常，还应该包括在情绪发展、意志发展、个性发展和心理健康发展等方面，超过同龄儿童。可惜的是，目前国内外对超常儿童的研究大多仅限于智力超常。这是受近百年来智商决定论影响的结果。智力在人的生活实践中占有重要地位，但人的心理是极其复杂的。人才成功的心理因素不仅包括智力因素，还包括人才成功的心理动力系统、调控系统与潜心能系统。

（1）超常儿童客观存在。

我国著名心理学家林传鼎教授在1939年著的《唐宋以来三十四个历史人物心理特质的估计》一书中，通过大量传记材料，对唐朝的王勃、李白、杜甫、韩愈、白居易、李贺，宋朝的司马光、苏轼，元朝的王恂（数学家）、齐履廉（天文学家），明朝解缙（文学家）、祝允明（文学家），清朝的顾炎武

（经学家）、吴敬梓（小说家）等历史人物的智力进行了探索。结果表明，这些历史上的杰出人才在儿童时期智力就获得了突出的发展。

（2）1978 年中国兴起的超常教育。

1978 年至今，中国大陆涌现出大量智力超常儿童。佴霖同志于 1977 年 10 月，写信给当时的国务院副总理兼中国科学院院长方毅同志，向他推荐智力超常的 13 岁少年宁铂。

据说宁铂两岁半时，就能背诵毛主席的三十余首诗词。五岁时入小学，六七岁就开始攻读医术，七八岁时就学习天文。他十一岁时开始下围棋，半年之后，获赣州市少年组和成年组围棋第二名。他对古典文学也很爱好，十二三岁时就能写出具有一定水平的诗词。

1977 年 11 月，方毅副总理对佴霖同志的信作了重要批示。之后，中国科学院和中国科技大学收到了很多推荐智力超常儿童的信件。

1977 年全国高等学校招生制度的改革，是适应向四个现代化进军，广开才路的创举。当时中国科技大学提出了创办少年班的设想，得到了中国科学院的批准。中国科技大学选拔出一批智力发展突出，成绩优秀的少年成立了少年班。经过中国科技大学的严格考核，首批 21 名智力超常少年，被中国科技大学合格录取。中国科技大学第一期少年班在 1978 年 3 月 8 日正式开学，学生的平均年龄 14 岁。

中国科技大学少年班录取时的平均年龄不到 15 周岁，最小的只有 11 岁。女性学生占 13.9%。他们在校时，就有 70.5% 被录取为国内外研究生。其中，在少年班中出现了我国年龄最小的 11 岁的大学生，15 岁的研究生，19 岁的大学助教，23 岁的博士，26 岁的副教授。

19.1 超常教育的争议

1998 年 5 月 10 日，中央电视台播出《实话实说》和《评说神童》的节目。

1998 年 7 月 17 日，《江西青年报》刊登了刘溯的文章，题目是《神童现象》。这篇文章说在中国当代教育史上，大学少年班的历史可以说是从宁铂开始的，因此他参加评说“神童”，并对“神童”和超常教育持反对意见。文章特别引人注目。

据该文章报道，宁铂在讲完他的同学如何成为仲永之后，又讲了一个从报上看到的寓言：一个成名早的画家百年之后被人遗忘了，而另一个成名晚的画家却成为艺术大师。于是引发出他这样一个认识：我们对早期教育的评价问题，不可光从几年，十几年，几十年来评价。

自 1978 年中国科技大学开办少年大学班以来，国内对超常教育就存在不同的意见。目前国内对超常教育的几种观点如下：

（1）超常教育是必要的。一种观点认为，超常教育是适应儿童发展的，是必要的，是可行的。超常教育不仅是国民教育的重要组成部分，而且可以为我国培养高层次、高素质的人才，促进国民教育质量的提高。

（2）影响儿童全面发展。一些人认为，儿童及少年应该在德、智、体方面获得全面发展。超常儿童智力发展比较好，但非智力因素发展并不是很好。有的超常儿童因其智力发展比较高而沾沾自喜，与智力发展水平一般的同学缺乏来往，自以为是，骄傲自大，因此，阻碍了超常儿童良好个性的发展和良好健康人格的形成。持这类观点的人认为超常教育不可取。

（3）揠苗助长。一些人认为，儿童发展是有规律可循的。不顾儿童心理发展的规律，人为给儿童施加压力，提出不切实际的要求，会发生揠苗助长的后果。

（4）小时了了，大未必佳。有的人认为考查一个人的教育效果不能从一时看，而应从长远看。他们认为历史的经验值得注意，王安石写的《伤仲永》一文有普遍的历史意义。

（5）早熟早衰。持这种观点的人认为在儿童发展的过程中，过早地对儿童施加压力，虽然可以暂时出现较好的学习成绩，但是从长远来看，对孩子的影响是很大的，有可能造成早熟早衰、早熟早夭折的情况。

既然超常儿童客观存在，就应该采取相应教育措施——即超常教育。但是，在实行超常教育的同时，可能由于教育方法不当，给超常儿童心理带来负面效应。因此，要充分意识到负面效应的影响，采取有效措施，尽量避免。在我国实行超常教育是可行的，但一定要有计划、有步骤，用科学的方法实行，谨慎而积极进行，不断地总结经验，不断前进。

19.2 中国超常教育的模式

我国实行的超常教育已有几十年的历史了。尽管人们的看法不完全一致，但是，我们取得了很大的成绩，为我国创造教育的稳步发展，奠定了坚实的基础，并积累了很多值得推广的经验。

从实际出发，各地根据自己学校的实际情况，采用多种的超常教育模式。就中学超常教育来讲，中国人民大学附属中学实行一校两制，办校中校，把通常教育与超常教育相结合，以某一单科为带头学科兼顾其他学科。人大附中超常教育学校有华罗庚数学学校、计算机学校、外语学校、管乐学校、足球学校、发明创造学校等。

北京市八中超常实验班的超常教育模式。他们招收相当于小学四年级文化程度、平均年龄 10 岁的超常儿童，进行 4 年的超常实验教育，直接考入大学。

苏州中学模式。该中学从初一、初二、初三，直接选拔学生，再考入大学少年班。

上述的几种中学超常教育模式各有其特点，要进一步总结经验，逐步走上规范化。

19.3 开展超常教育的十个观念

概括地说，笔者对超常教育，持以下几点看法：

（1）智力超常儿童是客观存在的。

智力超常儿童在国内外都是屡见不鲜的。只是我们已发现的智力超常儿童还相当少，还有相当多的潜在的智力超常儿童未被发现。

（2）超常表现的范围广泛。

超常儿童的表现很广泛，主要在数学、音乐创造、绘画创造、书法、技术革新和外语等方面。

一般来讲，智力超常儿童可以分为两类。一类是智力比较全面超常，这类儿童比较少。另一类是特殊能力超常，特别是在音乐、数学、绘画、外语、体育等领域，表现超群出众，这类儿童比较多。

（3）超常在各个年龄阶段都存在。

超常儿童的各个年龄阶段都表现出不同的心理特点。婴儿期的智力超常婴儿的心理特点是对学习有兴趣，感知敏锐，记忆力强等。幼儿期的智力超常儿童的心理特点是视听辨别能力强，记忆力强，接受能力强，具有一定的抽象概括能力和初步的推理能力。学龄初期的智力超常儿童的心理特点是记忆力强，思维敏捷，求知欲强。

（4）突破智力超常的限制。

迄今为止，国外的天才教育、国内的超常教育，大多是对智力超常的儿童进行超常教育。

人的心理是多方面的。人的心理素质的表现是很广泛的。智力仅是人心理的一个方面，人的个性、情绪、意志、心理健康，都属于人的心理素质范围。

高心理素质不仅包括高智力素质，还包括高度发展的个性心理、稳定而愉快的情绪、高水平的心理健康。总之，高心理素质人才是综合性的高心理素质人才，不是单一的高心理素质人才，也不是单一的智商水平高的人才。

因此，在进行超常教育的时候，应该突破智力超常的限制。人的心理超常是表现在各个方面的，而人们容易受到智力论的影响，在进行超常教育的时候，只关注智力超常。近百年来人们往往用智商的高低来衡量人们智力高低的水平，认为智商是决定人的成功的心理素质。

应该承认，在人才成功的心理素质中，智商起着很大的作用，智力因素对人才成功起着直接的作用。但是，人才成功并不是完全由智商决定的，也不是由智力因素决定的。

（5）开展多种心理素质的超常教育。

不仅要开办智力超常的教育，而且也要办其他心理素质的超常教育。21世纪将是人的个性大解放的时代，会产生各种各样的人才。

历史在发展，社会在前进，人类在社会实践中不断开辟着新的活动领域。21世纪是知识经济时代，将造就一批批各种各样的高心理素质的人才。正如马克思在《马克思恩格斯全集》中指出的："每个社会时代都需要有自己的伟大人物，如果没有这样的人物，它就要创造出这样的人物来。”

21 世纪是历史空前的伟大的变革时代，需要各种各样的高心理素质的人才。既需要智力素质高度发展的人才，也需要个性素质高度发展的人才。抓紧、抓好、抓准这些孩子当中的超常儿童的超常教育，将为 21 世纪所需要的超常人才作出应有的贡献。

（6）全面提高心理素质。

21 世纪是知识经济时代，需要的是全面的高心理素质水平的人才。因此，无论是对智力超常儿童的超常教育，还是对个性品质超常儿童的超常教育，都要进行全面的心理素质教育。在全面心理素质教育基础上，因材施教抓好智力超常教育和个性品质超常教育。这样培养出的人才，才具有全面的高心理素质水平，才能在心理素质某一个方面获得更高的发展，才能适应 21 世纪对高心理素质人才的需要。

（7）超常教育面向多数人。

超常教育是素质教育的重要组成部分，并不是超越素质教育之外的一种教育。素质教育就是全面地提高学生的心理素质，更大更充分地发展学生的个性，因材施教，根据学生的心理差异发展优势，全面地提高他们的心理素质。

中国素质教育的改革，应该包括超常教育的内容。目前，特殊的、神秘的超常教育仅限于极少数的所谓“神童”“天才儿童”的狭小范围，我们应把超常教育从仅针对狭小的智力超常的天才的束缚中解放出来，冲破原来的模式，建立新的素质教育的多种模式，其中包括超常教育模式。超常教育与素质教育不是矛盾对立的，而是协调统一的。每个孩子都有接受超常教育的权利。

（8）抓好常态儿童向超常儿童的转化。

心理学家把儿童智力发展水平分为智力超常、智力常态、智力落后 3 种。大部分的儿童属于智力常态，智力超常与智力落后儿童在儿童当中占有很小的比例，大致是智力超常儿童占 1%，智力落后儿童占 1%~2%。

智力常态与智力超常可以相互转化，智力常态可以向智力超常转化，智力超常也可向智力常态转化。智力超常儿童由勤快变得懒惰，求知欲降低了，好奇心减弱了，对某种活动的兴趣爱好降低了，在一定条件下都可能使超常的智力变成常态智力水平。就是一个智力超常的儿童在不良内外因素的影响下，也会逐渐变成一个智力常态的普通儿童，所谓小时了了，大未必佳。在内外因素的作用下，由超常儿童变成常态儿童的案例在国内外屡见不鲜。

智力常态儿童由于内外因素发生变化，特别是内在因素的改变，使其心态发生变化，通过刻苦学习，对事物产生高度的好奇心，有强烈的求知欲，在适当的外界环境影响下，在科学的教育熏陶下，就有可能由智力常态发展为智力超常。有些地方流行一句话，叫作三岁看老，意思是说，三岁时的智力水平，就可以决定你终身的发展前途。这种观点是不正确的。人的心理随着年龄增长在社会实践中不断地发展变化。有的人心理成熟比较早，有的人心理成熟比较晚。人的智力发展的速度也不尽相同。有的儿童早期智力发展迅速，有的儿童早期智力发展比较缓慢，这都是智力发展的个体差异，是客观存在的。

智力超常不是天生就有的，也不是先天决定的，更不是从父母那里遗传下来的。它主要是在后天的生活实践中，儿童内因的积极因素与外界客观世界的积极因素的相互作用的结果。智力超常是因为遗传的观点是不符合现代心理学研究的结果的。这种观点将遏制与埋没成千上万的具有潜智力超常的儿童转化为显智力超常的儿童。用遗传决定论观点去看待智力超常，将严重地阻碍智力超常儿童的发展。

教育与社会需要对智力超常与智力常态的转化也起到很大的作用。良好的教育环境、科学的教育方法与强烈的时代需要，都可能在一定的条件下，特别是在具有超常与常态智力转化的内因条件下，使二者发生转化。智力常态儿童可能逐渐步入智力超常儿童的行列。

研究超常儿童变成常态儿童，常态儿童变为超常儿童的各种案例，并制定科学的教育方法，对促进智力常态儿童向智力超常儿童转化，防止智力超常儿童向常态儿童转化，具有重大的深远的意义。

（9）超常教育的意义。

超常教育是素质教育的组成部分，是对常规的素质教育的一种补充。超常教育看似是针对少数学生的，但它实际上也是针对广大学生的，因为超常教育中积累的因材施教的经验，在常规教育中进行推广，有助于提高全体学生的素质，在常规教育中更好地实行因材施教，重视心理差异，充分发展学生的个性。

（10）防止小时了了，大未必佳。

历史的教训值得吸取。古今中外都有一些人在幼年时代聪明过人，才华超众，被誉为“神童”“天才儿童”。但是，长大了以后与普通人一样，没有突出的成就。这种情况就是所谓的“小时了了，大未必佳”。美国著名科学家控制论的创始人维纳曾经写过一本有关“神童”的自传。他在书中提到与他同时期的 4 个“神童”的遭遇：第一个变成毫无进取心的凡夫俗子，第二个在上大学前一年就病故了，第三个成为政客，第四个成为普通的乐师。

在今天的中国社会，实行超常教育，人们还有一些思想顾虑。

有人认为，超常教育影响孩子的身心健康，认为早熟早衰，早熟早夭折。其实这些顾虑是没有必要的，是不科学的。美国心理学家特尔曼从 1921 年开始对 1500 多名超常儿童进行了 30 年的追踪研究。他的研究结果表明，这些超常的人的死亡、健康不良、精神病、酒精中毒和犯罪发生率都比同年代的其他人低。

参与这个超常儿童实验的人到了中年，对其中 800 名男性的研究结果表明，他们的智力水平仍然是出类拔萃的，他们获得的成就和随意选择的 800 名同龄人比较起来，几乎是多 10~20 倍，甚至 30 倍。

特尔曼的研究结果表明，早熟不会早衰；智力超常的儿童进入社会以后，他们的贡献比同年龄智力常态的人要大得多。因此，对超常儿童进行超常教育，对他们日后为社会作出更大的贡献是很必要的。

所谓“小时了了，大未必佳”的现象确实是存在的。其原因是极其复杂的，有社会历史原因和教育原因，也有社会舆论压力的原因，还有超常儿童自身的心理原因等。特别需要指出，社会舆论过分吹捧神童，对神童的心理产生巨大的心理压力，这对神童的发展是极其不利的。因此，社会媒体对神童的宣传要采取谨慎的态度。

对超常儿童的教育与培养是一个长期而谨慎的教育工作，绝不能指望在短期内有显著成效。

积极而慎重地开展超常教育，是应试教育向素质教育转变的一种改革，是适应 21 世纪知识经济时代对高心理素质人才需要的举措。

20 超常心理——超常认知和超常行为

20.1 中央电视台《挑战不可能》节目的实例

超常心理指的是明显高于同年龄段的心理发展水平，不包括痴迷心理、反人类道德伦理的心理。所谓超常心理就是一般人不具有而个别人具有的功能，例如，一般人眼睛的视力 2.0，超常心理的人的眼睛视力可达到 6.0。一定要强调，超常心理是物质的属性，这就是站在唯物论的角度来看待超常心理；唯心主义看待超常心理是神授的。中央电视台连续播出的《挑战不可能》实际上就是超常心理现象。

来自广东顺德的挑战者李明芬成功挑战轮滑过汽车。挑战者刘军、冯悦成功挑战人梯平衡登高。挑战者尼克·马康伯成功挑战 34 米高空飞行。挑战者王先廷与搭档犬黑貂成功挑战搜救犬走钢丝。挑战者丁旭成功挑战挖掘机投三分球。

两位来自东非的马赛人在节目中进行的挑战项目让人啧啧称奇。经过测试，正常人的最好视力是 2.0，而他们的视力居然可以达到 6.0。这次，他们首次离开部落登上长城进行挑战，马赛人中国一战挑战成功。来自沈阳的 5 岁韩嘉盈在节目现场挑战哄睡萌宠，她在现场成功哄睡 5 只可爱小动物。来自吉林省松原市公安局的女神探，她的传奇经历曾被国内媒体多次报道。在节目中她挑战凭借脚印在 30 个人中选出目标足迹主人。《挑战不可能》的舞台上因为《人塔》项目首次突破了电视节目中参与挑战人数的极限，450 名中国人将联合西班牙朋友共 643 人跨国挑战叠人塔。挑战者夏伯渝带来的挑战攀岩项目是穿戴假肢攀岩，让三位评委泪洒现场，全场观众集体起立鼓掌。

驾驶直升机挑战开 5 瓶啤酒，赵阳挑战成功，实现毫米级操控。海拔

3500米钢索行走，诺克征服阿尔卑斯山。超远距离辨别2厘米E字方向，巴特夫妇挑战成功。最后董艳珍成为年度挑战王。

听音识途，鹦鹉经过两次挑战，成功追寻哨声找到主人郑雨昕；听15只狗喝水声，分辨目标狗，李琦挑战成功；6米长梯过桥，杨树成功挑战晃梯极限。

来自北京的盲人钢琴调律师陈燕以耳辨物，现场通过拍手、“狼叫”等方式判断反射音，精准辨认30位衣着发型相同的真假模特，令全场观众震惊不已。一位体育界的“小鲜肉”钟齐鑫在现场挑战“单手爬陡梯”，40级的台阶足有2米的高度，挑战过程跌宕起伏。鳄鱼救助者杰伊·杨挑战徒手捕捉1.7米长的鳄鱼；李美燕挑战蒙眼立啤酒箱至24层；银行职员徐芳挑战听声数钱；狗狗凯瑞挑战不可能，直立完成两分钟的拉丁舞蹈；普通的巴士司机苏师傅驾驶18.5吨大巴车在跷跷板上挑战平衡极限。

这些挑战不可能就是超常心理，大体来讲分两大类：一类是特异感知，一类是特异致动。

20.2 近年来中国青少年超常心理案例

（1）谈方琳，女，2004年出生在上海，从小对数学很感兴趣，15岁攻破困惑世界数学界的百年难题，多次被邀请参加被称为“世界最强大脑”的世界顶尖科学家会议，受到顶尖科学家的关注，成为中国最年轻的科学家。

（2）韦东奕，男，1991年出生在山东，在高中时候，参加第49、50届国际数学奥林匹克竞赛，以满分获得金牌。本硕博连读，毕业于北京大学，2018年获得博士学位。2013年邱成桐大学生数学竞赛华罗庚奖全奖获得者、陈省身奖金奖获得者、周炜良奖银奖获得者、林家翘奖金奖获得者、许宝绿奖金奖获得者、个人全能奖即邱成桐奖全奖获得者。每月生活费不足300元，却被称为“北大数学奇才”“天赋与行为似陈景润”。

（3）刘明侦，女，1990年生，2013年她以第一作者身份在《自然》发表论文，时年23岁。2015年获得牛津大学博士学位。她谢绝美国高薪聘请，回国任教。她全新设计的太阳能电池，扭转了我国在这一领域的落后局面。

20.3 王极盛关于超常心理的十个观点

关于超常心理笔者有10点看法：第一，超常心理的属性，超常心理是人体的一种属性、一种机能，是特别大脑的一种属性。第二，超常心理的本质，超常心理是一种心理现象。第三，超常心理的内容，特异感知、特异致动以及中国传统气功的外气。第四，超常心理出现的条件，超常心理有一定的内因，在一定的外因条件下出现，情绪的安定、注意力的集中是超常心理出现的重要内因，超常心理的内因可分为先天的生理结构与特殊的机能，例如，一般人视力2.0，超常心理的人可达到6.0，与先天的生理结构和机能有关系。人的后天的训练和开发，也是超常心理的内因，现在社会流行的所谓记忆大师都是后天训练出来的，例如，《新华字典》哪个字在第几页，“王”字在《新华词典》哪一页，这些都是训练出来的。第五，意念在潜意识中的地位，意念在人体超常心理中有特殊地位，值得注意。第六，超常心理的个体差异，超常心理的个体差异很大，超常心理的种类、强度、持续时间都受人体状态和情绪状态的影响。第七，超常心理具有不安定性，因此有时无法重复出现，这如同有人打破百米跑的世界纪录，再跑却无法突破这个成绩。第八，超常心理的可认识性，初看起来超常心理颇有神秘性，但它毕竟是人体的属性，是可以被逐渐认识的。第九，超常心理的可开发性，科学的训练是超常心理开发的重要手段，经过系统的训练，不少学生会出现倒背如流的记忆能力。第十，超常心理的效果，超常心理既有物理效果，也有心理效果，例如，八十多岁老太太用牙牵着绳子，绳子另一头拴在轿车上，里面还坐着人，她却可以拉着车缓缓地向前移动；超常心理也有心理效果，提高人的感知水平，提高人的记忆能力等。

关于超常心理（超能力）学术界历来有不同的看法，笔者认为超常心理是客观存在的。凡有人类的地方就有超常心理。绝大部分人的能力是一般水平，个别人的能力可能超越一般人的水平，这就是超常心理，或者称为超能力。现代科学对超能力的认识是很有限的，人类对人体的认识还有很多未知数，认识是没有穷尽的，由相对真理向绝对真理前进。从某种意义讲，研究超常心理和超能力就是发掘和开发人的生理潜能与心理潜能。

我们要坚持超常心理（超能力）是人体的机能、是大脑的机能的唯物主义观点，反对神授和不可知论的观点。

历史经验值得注意，研究人体超常心理（超能力），要防止一种倾向可能掩盖另一种倾向，一定要坚持科学的、实事求是的精神。历史常有这种现象，当出现一种新的人体功能，会应运而生很多骗子，以假乱真，鱼目混珠，造成人们认识上的混乱。

笔者认为对超常心理（超能力）的研究，国家有关部门应制定有关的政策，保护确有超常心理的人。中央电视台《挑战不可能》的许多挑战者就是应该给予充分的保护和鼓励的具有超常心理的人，而对那些欺世盗名的骗子，应该根据已有的政策给予打击。

Part 5
青年心理学·老年心理学

21 青年心理学

青年的心理特点主要包括以下几点：

第一，个性的基本形成。青年有自己的理想，憧憬美好的未来，他们对未来抱着希望与幻想。他们进取心强，积极向上，奋发有为，充满青春活力，同时也容易急于求成，脱离实际，甚至在踏上社会、遇到困难与挫折时，产生徘徊、苦闷与失望的心态。

青年的兴趣与少年比较起来更广泛而且稳定。青年的学习兴趣常常与自己未来的志愿相关。青年的自我意识已基本成熟。青年的自我评价、自我教育与自我控制的能力已达到较高的水平。青年期是青年世界观的形成时期。他们对自然与社会，对生活、学习与工作都逐步形成了比较稳定、比较系统的观念。

第二，青年的智力发展已达到高峰。人的智力发展到了青年期已达到成熟的阶段。我国心理学的一些研究表明，在高中一年级到高中二年级时，青年的智力已经初步成熟。青年的抽象逻辑思维的形成是青年期智力发展已成熟的主要标志。青年的思维批判性与思维独立性明显增强。他们开始用批判的眼光看待周围事物，他们有着自己的独特见解，喜欢怀疑和争论，这是好的方面。但有时他们固执己见，不轻易改变自己的错误观念，不太容易接受别人的意见。

第三，青年情感的日益丰富。随着青年的成长，他们的集体主义情感、爱国主义情感、义务感、道德感、美感已有了很大的发展，爱情体验也已出现。青年人虽不像少年那样感情奔放或易于冲动，但遇事还是容易激动。或者高兴、振奋，或者消沉、泄气。青年往往表现出为真理而奋斗的热忱，但有时可能出现盲目狂热的情感。

第四，意志的目的性与坚持性获得重要的发展。随着青年的认识水平与自我意识的进一步发展，他们对生活、学习与工作的目的性和自觉性有着很大的提高，在自己理想的支配下，能够克服前进道路上的困难，表现出坚强的毅力。他们关心与重视培养自己的意志。

21.1 青年的智力

关于智力问题，几十年来国内外心理学家进行了大量的研究工作，提出了不少关于智力的理论，但由于智力问题的复杂性，使其成为心理学界长期争论而没有取得完全一致意见的问题。

下面列举国内外著名的心理学家对于智力的见解。

德国的心理学家斯顿认为：智力是适应新环境的能力。

法国的心理学家比奈认为：智力是一种判断的能力，创造的能力，适应环境的能力。

美国的心理学家桑代克认为：智力是从事实和真理方面着眼的适当反应的能力。

美国心理学家托尔曼说：一个人聪明程度与抽象的逻辑思维成正比。

瑞士心理学家皮亚杰认为：智慧的本质就是适应，而适应依赖于主体的动作。

我国心理学家朱智贤认为：智力是人的个性特点，是偏于认识方面的特点。一般来说，智力包括三个方面：一是个人的感知记忆能力或才能；二是个人的抽象概括能力或才能；三是独创性地解决问题的能力或才能。

我国心理学家吴天敏认为：智力是脑神经活动的针对性、广阔性、深入性和灵活性在任何一项神经活动和由它引起并与它互相作用的意识性的心理活动中的协调反应。

笔者认为，智力是各种能力的综合体。由于各种能力是有机联系和相互制约的，而不是机械地相加，因此智力主要是指人的认识和行动所达到的水平。

21.1.1 智力结构

青年人在议论智力时常说，某位同学记忆力真好，真聪明；某位青年手真巧，可聪明啦。能不能说记忆力好就是智力发展水平高？可以认为操作能力强就是智力水平高吗？要回答这个问题就要了解智力的结构。

智力结构是指智力有多少可分的因素的问题。心理学家对此有不同的看法。了解智力结构对青年智力的培养是有意义的。

笔者认为，智力结构主要是由观察能力、记忆能力、思维能力、想象能力、实践能力五种基本能力构成的。这五种基本能力可以称为智力结构的五个要素。在智力结构中，各种能力之间是相互联系、相互制约的，它们在智力结构中各有一定的作用。观察能力是智力结构的中枢，想象能力是智力结构的翅膀，实践能力是智力结构转化为物质力量的转换器。每个要素都有质的方面与量的方面，创造性主要表现在能力的质的特点上。全面发展青年的智力主要是指智力结构中的五个要素都要有一定的水平，防止单纯追求某一要素的发展，而忽视其他要素的发展，造成智力结构的失调，形成智力畸形发展。当然，全面发展人的智力，并不意味着要求各种人才都发展同样的能力。

21.1.2 人的智力的决定因素

遗传决定论。遗传决定论认为，人的智力是由先天遗传决定的，儿童的智力和品质是在形成生殖细胞的基因时就已经被决定了的。

美国心理学家斯坦莱·霍尔认为，一两的遗传能胜过一吨的教育。奥地利的心理学家K.彪勒认为，儿童心理发展过程，乃是儿童内部因素向着自己的目的有节奏的运动过程，外部环境在这里只起着促进或延缓这个过程的作用，并不能改变这个过程。

环境决定论。环境决定论片面地、过分地夸大环境和教育在人的智力发展中的作用。这种理论认为人的智力发展是由环境因素、教育因素机械地决定的，因而智力的发展是被动的。

据加推尔曾经调查，美国在1860年前后诞生的科学家以麻省最多，便断定麻省的环境最适宜产生科学家。

美国行为主义心理学家华生说："给我一批健全的儿童，我可以用特殊的方法任意地对他们加以改变，或者使他们成为医生、律师等，或者使他们成为乞丐、盗贼等。"

四因素综合作用论。笔者认为影响智力的形成和发展的因素是多种多样的，这些因素之间的相互关系也是极其复杂的。这里，笔者提出智力发展的四因素综合作用的观点。

素质是人的机体某些解剖、生理上的特点，如感觉器官、运动器官、神经系统的特点，主要是脑的特点。智力的发展有赖于素质，素质为人的智力发展提供了物质前提，提供了智力发展的一种可能性。优质的声带特点对发展歌唱能力很重要。但是，一个具有最优异声带特点的青年，如果不去从事歌唱活动，他的歌唱能力也发展不起来。

社会历史条件是人的智力发展的背景。人的智力是人类社会历史发展的产物，是在社会实践中，为了满足实践提出的需要而形成和发展起来的。社会历史条件制约着人的智力发展水平，影响智力发展的深度和广度。古代社会与现代社会的青年智力发展水平有很大的差别。在现代社会中，不同社会制度、不同经济、文化发展水平的国家，青年智力发展水平也是有一定的差别的。

教育在人的智力发展中起重要作用。人的智力是在后天的生活实践中发展起来的。教育是由教育者根据一定的教育目的，采用一定的教育方法，有计划、有步骤地对受教育者施加影响，促使受教育者的智力发展。因此学校教育对青年智力的发展有很重要的作用。

实践和人的主观能动性发挥程度，在智力的发展中起着决定性作用。素质、教育以及社会历史条件都要通过人的实践与主观努力才能对人的智力发展产生影响。这就是素质条件、家庭环境与学校教育条件都大体相同的青年人，他们的智力却有着一定差异甚至较大差别的原因。

21.1.3 智力与知识

（1）智力与知识的关系。

智力是人顺利地进行认识与活动的心理条件。知识是人对客观事物的认识与经验的总和。二者既有联系又有区别。正确认识智力与知识的关系，对于青年的智力的发展与知识的掌握都是重要的。

智力是掌握知识的必要条件。人的智力是在通过掌握知识的过程中得到发展的，并且表现在知识的掌握过程中。青年不通过掌握知识，就不可能有智力的发展，也无法表现青年人智力的水平，脱离知识的纯粹智力是不存在的。在青少年的成长过程中，智力的发展水平与知识掌握的数量有相当程度的一致性。青年掌握知识越多，智力发展的水平越高；青年智力水平越高，知识的掌握就越多。智力的发展水平的高低影响着掌握知识的快慢、难易、深浅和巩固程度。大学少年班的青少年的特点是既有较高的智力发展水平，又有较丰富的知识。他们接受能力、思维能力和记忆能力都很强，并且有较强的自学能力，这使他们接受知识快，掌握知识巩固。例如，于政，1965 年 2 月生，1979 年考入第二期少年大学生班。1981 年他接到参加赴美研究生考试的通知后，只用一个月的时间学完没学过的课程。由于他的智力发展水平较高，很快就掌握了那些没学过的东西，并以优异的成绩考取了赴美研究生。少年大学生宁铂、钱慧等读了许多书，增长了不少知识，开阔了眼界，促使他们思维敏捷，想象力丰富，智力发展水平高。

但是知识与智力又是有区别的，不能把知识与智力等同起来。智力的发展与知识的掌握并不是同步的。在青年期，智力发展的增长速度逐渐放缓，而青年通过学习与实践，能够迅速地掌握知识。知识的获取速度远远超过智力的发展速度。正如著名的物理学家卢瑟福所指出的：“人们的知识在不断地充实着，而人们的智慧却徘徊不前。”

不同的青年，可能具有大致相同的知识，但他们的智力发展水平可能存在相当大的差别，有的人分析与解决问题的能力较强，有的人能力则较低。相反，具有大体同等智力发展水平的青年人，他们掌握的知识的多少却有较大的区别。爱因斯坦首次报考工科大学时，因植物和法文不及格，而未被录取。

我国青年史丰收创造了快速计算法，能在几秒钟内进行多位数的加、减、乘、除、开方、分数等数学计算，获得准确的答案。人们在进行数学运算时，都是从低位算起，也就是从右向左进行运算，而他却相反，是从高位数算起，即从左到右进行运算，既不列算式，也不使用计算工具，一次报出答案，把烦琐的中间运算过程都一概省去。他的创造成功不在于他有多么丰富的知识，而在于在创造快速计算法过程中，表现出的创造能力。因此，不能仅仅根据知识多寡来判断智力的发展水平。

智力与知识是有密切联系的，但二者却不能互相取代。因此青年人在处理智力与知识的关系时，既要防止片面强调发展智力的倾向，也要防止单纯追求知识的倾向。

正确处理智力与知识的关系对于青年的培养与选拔是重要的，混淆这种关系，就会影响人才选拔。运用知识与经验进行一定活动的方式称为技能。俄国画家苏里科夫的杰出绘画才能很早就表现出来了，可是他还不具备足够熟练的绘画技能。美术学院的主考人看过他的绘画作品后说："根据这些画甚至应当禁止你在学院前经过。"这些教师的错误在于不能把缺少练习跟缺乏才能正确地区别开。苏里科夫用事实改变了教师的错误看法，他用三个月的时间掌握了必要的技能，使那些教师相信他有资格进入美术学院。

（2）学习成绩不等于智力。

有些青少年的学习成绩很好，但智力发展水平一般；而有的青少年的学习成绩一般，但智力发展水平高。不能把学习成绩与智力等同起来，不能仅以青少年的学习成绩好坏来判断青少年的智力发展水平。有的学生平时学习成绩一般，高考成绩很好；而平时学习成绩很好的学生，高考成绩可能一般。这往往使一些青年困惑不解。其实出现这种现象的一个重要原因是前者学得很活，分析问题与解决问题的水平高，才能在高考中取得好成绩。后者往往单靠死记硬背或者习惯于依靠自己的老师教的一套解题方法，分析问题与解决问题的训练不够，当出题方式改变时，则难以解答。

21.1.4 青年智力的发展

从少年期到青年前期，智力的发展还是曲线上升的。一般说来，十七八岁到二十岁左右，青年的智力发展已经相当成熟。

青年期的感知觉在少年期发展的基础上，获得进一步提高，已发展到成熟的水平。视觉感受有了很大的提高，听觉感受也有所增强。十五岁左右的青年，听觉感受可以超过成年人。关节肌肉感觉获得高度的发展，空间知觉与时间直觉已发育成熟。总之，青年的感知觉在内容上更丰富，在范围上更复杂了，在感受性方面更敏锐了。

由于抽象思维的发展，青年期的观察力水平比少年期更强了。他们的观察力更富有目的性与系统化。青年的观察的全面性、深刻性也得到发展，因此能够观察到事物的各个方面与本质属性。

青年是记忆发展的黄金时代。青年记忆快，保持耐久，回忆准确。

青年的思维比起少年具有较高的抽象性与概括性。少年思维的抽象性与概括性虽然已经有了很大的发展，但是在一定的程度上还受具体形象的支持，因此可以说，少年的抽象思维是属于经验型的。而到了青年期，思维的抽象性与概括性已发展到了理论型。

青年的思维的独立性与批判性比起少年也有了高度的发展。青年不愿盲从，不喜欢人云亦云，喜欢探索事物的本质，喜欢怀疑与争论，愿意发表自己的见解。这些都是青年思维的独立性与批判性获得高度发展的表现，这也是青年思维的优点，应该得到珍惜与保护。

青年的思维的广阔性与深刻性随着生活与实践的范围扩大、知识经验的增多而得到发展。青年思考问题的范围扩大，能够抓住事物的本质与事物的规律性。

青年随着年龄的增长、知识经验的丰富与思维水平的提高，想象的内容丰富性已达到一个新的水平。

青年随着眼界的扩大、知识的增长、求知欲的增强与独立思考能力的提高，创造性想象则获得高度的发展。青年人富于幻想。他们向往未来生活的愿景。幻想是创造想象的特殊形式。它的特点是根据自己的愿望去设想未来事物的形象。幻想是鼓舞青年前进的巨大精神力量，要引导青年的幻想朝着健康的方向发展，使他们的幻想与祖国的未来建设结合起来，防止或克服空想。空想脱离客观现实的规律，是根本不能实现的，它对青年只能起消极的作用。

青年操作能力的发展已达到了高峰，心灵手巧是青年的特点。青年的观察力的全面与深刻，记忆的准确与巩固，思维的灵活与富于创造，促使青年的操作活动更加敏捷而准确。

一般说来，青年由于观察力、记忆力、思维能力、想象力与实践能力的高度发展与成熟，学习能力也达到了高峰。

21.1.5 青年的智力差异的表现

（1）智力发展水平的差异。

特尔曼根据斯坦福－比奈量表对美国儿童与青少年测试的结果，对智力发展水平进行了分类。智商在 140 以上者为天才；智商在 130~140 为最优秀；110~120 为优秀；90~110 为常态；80~90 为次正常智商；70~80 为临界正常；60~70 为轻度智力孱弱；50~60 为愚钝；25~50 为痴愚；25 以下为白痴。

（2）智力类型特点的差异。

人的观察、记忆、思维等能力都存在类型特点。根据观察的方法是陈述的还是解释的来划分，可以将观察分为观察描写型与观察解释型。观察描写型的人观察事物的兴趣在于事物本身，但是缺乏对事物的分析，不易抓住事物的本质。观察解释型的人在观察事物时大胆地探索事物的原因和结果。

从各种分析器在记忆中的作用，可把记忆能力分为下列几种类型。记忆的视觉类型，即看到的记忆效果好。记忆的听觉类型，即听到的记忆效果好。记忆的运动觉类型，即利用运动来记忆的效果好。

在通常的情况下，多数人都是混合的记忆类型。例如，视觉－听觉记忆类型，视觉－运动觉记忆类型。

青年人的智力特点是各有所长，各有所短。青年人根据自己智力的特点去从事活动是很重要的。每个人的智力都按自己的方式发展着，都有特殊的优点和缺点。在智力的发展上，对于智力的个别差异需要特别加以注意，采用特殊的教育加以影响。要重视每一个人的智力特点，不能用“一把尺子”来衡量智力。

21.1.6 智力与青年成才

人才的定义有狭义与广义之分。具有某种活动的能力，并在生产领域、科学领域、艺术领域或其他领域做出成绩的人称为人才，这是人才的狭义定义。具有某种活动的能力可能或已经在某种领域为社会做出成绩者也称为人才，这是人才的广义定义。按照贡献的大小，人才可以分为一般人才与杰出人才。

智力结构的五个要素在青年的成才中的作用是各不相同的，但又是相互联系、相互促进的。智力结构的五个要素是包括政治家、思想家、科学家、教育家、艺术家、体育家、军事家、各行各业的先进工作者与能工巧匠等各种人才都必须具备的，是各种人才成功所需要的智力条件。智力结构的五个要素包括观察力与成才、记忆力与成才、思维能力与成才、想象力与成才、实践能力与成才。

（1）观察力与成才。

观察力在人的一切活动领域中都是必需的。观察力的强弱是青年成才的重要智力因素之一。观察力强的人观察速度快、观察准确，并且在单位时间内观察对象的客观数目多，能够迅速、准确、全面地获得事物的信息。许多年轻的科学家、艺术家、教育家、劳动模范与技术革新能手等都是以敏锐的观察力而著称的。他们的成就与他们高度发展的观察力密切相关。

（2）记忆力与成才。

记忆是智慧的仓库，在人才成长中占重要地位。前人的经验是从事创造性活动的基础。没有记忆，人的任何学习都是不可能的。青年人知识贫乏是难以成才的。青年人记忆力好，博学多才，博闻强识，在前人工作的基础上开始新的探索，有助于成才。

记忆力在青年的各种人才的成长中都起着重要作用。历史上不少杰出的政治家、科学家和艺术家大多是在青年时代通过锻炼获得惊人的记忆力的。马克思在年轻时曾故意用自己生疏的外国语来背诵诗歌，借以锻炼自己的记忆力。拉法格曾经这样描绘马克思的记忆力对他成才所起的作用：“马克思的头脑是用多得令人难以相信的历史及自然科学的事实和哲学理论武装起来的，而且他又是非常善于利用他长期脑力劳动所积累起来的一切知识和观察的。无论何时，无论任何问题都可以向马克思提出来，都能够得到你所期望的最详尽的回答，而且总是包含着概括性的哲学见解。他的头脑就像停在军港里蓄势待发的一艘军舰，准备一接到通知就开向任何思想的海洋。”

（3）思维能力与成才。

思维能力是智力结构的核心，因此思维能力是青年成才最重要的智力因素。思维能力对一切人才成长都是重要的，尤其对年轻的思想家、理论家、科学家更为重要。在通过观察、实验获得的大量资料形成理论的过程中，思维起着总结和概括的重要作用。达尔文对自己世界旅行考察中收集的大量资料和标本进行理性的思维概括，在人类史上首次系统地提出进化论思想，并写出了不朽著作《物种起源》。

人们在生活实践中，解决问题的任务是不同的，因此解决问题的思维种类也不尽相同。不同种类的思维对于发明家、技术革新者、运动员的成才尤为重要。

具体形象思维的特点是利用已有的直观形象去解决问题。历史上有不少科学家常把思维具体化，即在头脑中构成具体形象。据说，物理学家麦克斯韦就养成了把问题在头脑中具象化的习惯。德国化学家埃利希曾经提倡把设想化为图形。在音乐家、画家、作家、诗人、演员等的创造性活动和成才过程中，具体形象思维起着更大的作用。

理论思维解决问题的任务，是理论性质的，因此要解决任务就是运用抽象概念和理论知识。它对思想家、理论家等成才有着更重要的意义。

青年的思维通常并不仅仅是一种类型，而经常是三种类型的有机结合。根据任务的需要，某一思维类型运用多一些，某一思维类型运用少一些而已。以科学家为例，一般来说，理论科学家的思维类型是以理论思维为基础和主导的思维类型，辅以具体形象类型和实践思维类型。实验科学家、发明家、技术革新家的思维类型是以理论为基础的，理论思维与具体形象思维和实践思维密切协调，而解决问题的方式主要取决于实践思维。

（4）想象力与成才。

一切创造都与想象力有关。青年人在学习与工作中缺乏丰富的想象力就不可能有所创造。狄德罗曾说：“想象，这是一种特质。没有它，一个人既无法成为诗人，也无法成为哲学家。”

青年在创造性过程中，是以想象为先导，没有想象就没有创造性意向，便不能进行创造。在创造过程中，想象能激励青年从事艰苦的工作，把它进行到底。想象在科学与艺术中，在人才成长中的作用，历来都受到学者的重视。

1895年，当时爱因斯坦才十六岁，他却想象了一个新奇的问题：假设有人能够追上光速，将会看到什么现象呢？对于这个问题他思考了十年，终于想象之花结成了丰硕的科学之果——狭义相对论诞生了。爱因斯坦强调想象在科学创造性活动中的作用。他说：“想象力比知识更重要，因为知识是有限的，而想象力概括着世界上的一切，推动进步，并且是知识进化的源泉。想象力是科学研究中的实在因素。”郭沫若同志精辟地概括了科学工作者的特有风格是“既异想天开，又实事求是”。他说：“科学也需要创造，需要幻想，有幻想才能打破传统的束缚，才能发展科学。科学工作者同志们，请你们不要把幻想让诗人独占了。嫦娥奔月，龙宫探宝，《封神演义》上的许多幻想通过科学，今天大都变成了现实。”

（5）操作能力与成才。

一个人只有认识能力而缺乏实践能力是难以成才的。学校培养的人应该既善于动脑，又善于动手。军事家们都知道，仅仅掌握一些书本知识纸上谈兵，那是不行的；只有不仅精通兵书，而且能在战争中正确而灵活地调兵遣将，寻找战机，获取胜利，才能算得上真正的军事家。

操作能力对一切青年成才都是重要的，它对青年工人、服务员、运动员等成才更加重要。

各种人才除了要具备智力结构的五个要素以外，还需要具备某些特殊能力。比如音乐家需要具备听觉表象能力和音乐节奏感能力；画家需要鉴别色彩的能力；体操运动员需要动作表象能力、发达的平衡觉能力、动作的节奏能力和形式的美感能力；球类运动员需要准确明晰的视觉知觉能力、“球感”能力和反应能力等能力。

21.1.7 培养观察力

观察是有一定目的、有组织的、主动的知觉。全面、正确、深入观察事物的能力称为观察力。观察是人们认识世界的门户。观察力不是先天就有的。它是在人们的生活与实践中逐步培养出来的。青年都希望自己具有敏锐的观察力，那么怎样培养观察力呢？

（1）培养良好的观察习惯。

首先，培养有目的、有计划、有选择的观察习惯。其次，培养重复观察的习惯。最后，培养在观察过程中及时全面记录的习惯。

（2）培养观察的良好心理品质。

观察要深入，追本溯源，不能走马观花，浅尝辄止。因此青年观察者要细心、耐心地进行持久的观察，这样才能提高观察的质量。否则无法实现较好的效果。

（3）培养良好的观察类型。

根据观察的方法是整体的还是细节的，可把观察类型分为三种：

观察的分析型：这种观察类型的人的特点是“只见树木，不见森林”。他们习惯于观察事物的细节，观察琐碎情况，往往会忽视对事物整体的观察。这种人往往难以理解现象的基本意义。

观察的综合类型：这种观察类型的人的特点是“只见森林，不见树木”。他们习惯于观察事物的一般特性，而忽视对细节的观察，这种人对观察对象的理解往往很笼统。

观察的分析－综合类型：这种观察类型的人的特点是“既见森林，又见树木”。他们既注意对事物整体的观察，又善于观察事物的细节。这种类型的人往往能够全面深入地把握观察的对象。优秀的观察者大都属于这种类型。有意识、有目的培养观察的分析－综合类型是青年提高观察力的重要途径。

（4）发展感觉。

青年人发展感觉能力的关键在于努力实践。心理学研究证明，社会实践的需要、劳动职业、教育、训练等，都使人特别是青年人的感觉能力获得高度发展。

青年人积极参加艺术活动，不仅能够陶冶情操，而且能促进感觉能力的发展。例如，绘画可以促进青年的视觉能力的发展，音乐可以促进青年听觉能力的发展。

21.1.8　锻炼记忆力

我国古代有着不少“过目不忘”的佳话。《晋书·符融传》称符融“耳闻则诵，过目不忘”。建安七子之一王粲，与人同路，遇到“道碑”，读过之后，竟然能够“背而诵之，一字不失”。汉末学者蔡邕的著作在兵荒马乱中散落遗失。曹操有一次问蔡邕的女儿蔡文姬还能记住多少篇，文姬说还能记住四百多篇。曹操叫她凭着记忆把它记录下来。

现代人的惊人记忆更是屡见不鲜。人们都惊叹敬爱的周总理惊人的准确无误的记忆力。张闻天同志曾说：“周总理的工作和记忆力就像一架电子计算机，只要会见一次，他就把你记住了。”

有的学者研究指出，人的大脑还有相当大的一部分潜力未曾使用。据估计人脑未加使用的潜力达 90%。有的学者指出：“若你始终好学不倦，那么你的脑子一生中储存的各种知识，将相当于美国国会图书馆里存书的五十倍。”据说该图书馆藏书一千多万本。这就是说，人脑的记忆容量相当于五亿本书籍的知识总量。传统心理学认为，人的记忆是知识与经验的保存，暂时神经联系的形成和印下的痕迹是其神经机制。现代心理学认为，记忆是信息的输入、储存、编码和提取的过程。人脑的“网络系统”远比北美洲的全部电报、电话通信网络复杂。人脑的记忆系统的高度完善化，是当代电子计算机或机器人的记忆系统无法比拟的。人脑虽具有如此惊人的认识世界和储存信息的能力，可惜由于种种复杂的原因，即使世界上记忆力最好的人也未能达到这种记忆潜力的 1%。

（1）记忆成功的条件，包括注意力集中，记忆目标明确，记忆思维，力求理解，丰富的知识经验，及时复习，运用于实践，讲究记忆卫生。讲究记忆卫生是青年保护记忆、增强记忆的重要条件。

（2）运用科学的记忆方法，将使记忆效果“事半功倍”。青年人已经有了一定的记忆经验，要努力根据自己的情况逐步总结适合自己特点的记忆方法，同时也要学习与掌握行之有效的记忆方法。运用科学的记忆方法，包括多通道协同记忆法，整体、分段、联合记忆法，集中记忆法和分散记忆法，笔记记忆法，自我测验法。

21.1.9 锤炼思维能力

（1）要有丰富的知识和经验。

（2）培养稳定积极的情绪和坚强的意志。

（3）培养强烈的事业心和责任感。

（4）建立合理的思维能力结构。

从思维的过程来看，思维能力结构是由思维的分析能力、综合能力、比较能力、抽象能力与概括能力组成的。

在思维能力结构中，这五种思维能力结构因素，互相联系，组成完整的思维运动过程。

分析是在大脑中把事物整体的组成部分与各个特性区分开。综合是在大脑中把事物的各个部分联系起来，或者把事物的个别特征结合起来。分析与综合既是相反也是彼此紧密联系的过程。

比较是确立被比较事物的共同点与不同点。比较是抽象与概括的前提。比较在创作中的作用在于对事物进行鉴别，揭示不易直接观察到的运动和变化，追溯事物的发展的渊源和确立事物发展的历史顺序。

抽象则是通过分析综合把事物的一般的、本质的属性抽出来单独加以考虑的过程。

概括则是通过分析综合把事物的一般的、本质的属性联合起来并推广到同一类事物上去的过程。

培养青年思维能力要建立青年合理的思维能力结构，使分析能力、综合能力、比较能力、抽象能力与概括能力都得到全面、均衡发展。

（5）全面发展思维的基本品质，包括思维的广阔性，思维的深刻性，思维的独立性，思维的批判性，思维的灵活性，思维的敏捷性，养成独立思考的习惯。

21.1.10 发掘想象力

（1）积累丰富的生活经验。

（2）保持与发展好奇心。

（3）培养善于捕捉直觉的本领。

（4）培养自己丰富的情绪。

（5）培养崇高的革命人生观。

20.1.11　运用操作能力

（1）在认识上重视操作能力。

（2）从小培养操作能力。

（3）培养技能。

21.2　青年的创造心理

创造性活动的特点是创新，其形式是多种多样的，例如技术发明、科学创造、合理化建议、工作细节的改善等。创造性的程度也不尽相同。创造过程一般可分为既相互联系又相互区别的三个阶段。第一阶段是准备阶段。这在科学创造上包括提出问题和确定研究方法；在艺术创造上包括作品的构思和收集材料。第二阶段是创造阶段。这在科学创造上表现为对假设进行验证；在艺术创造上表现为把作品的内容以艺术的形式表现出来。第三阶段为总结阶段，在科学创造上表现为研究工作报告、调查报告；在艺术创造上表现为最后修饰作品。

青年创造心理的主要特点如下：①处在创造心理的大觉醒时期，对创造充满渴望和憧憬。②受传统的习惯势力束缚较少，敢想敢说敢做，不被权威名人所吓倒，有一种“初生牛犊不怕虎”的创造精神。③创新意识强，敢于标新立异，思维活跃，心灵手巧，富有创造性，灵感迸发。④在创造上已崭露头角，孕育着更大的创造性。

综合各方面的研究结果可以认为，创造性活动最活跃时期是在青年后期和中年前期，即二十五岁到四十五岁之间。换句话说，青年期是处在最佳创造年龄开始阶段，因此青年期创造能力的培养与训练对一生的创造有着极其重要的意义。

21.2.1　创造的心理品质

对于青年成才最需要的创造性心理品质有以下几个方面：

（1）智力品质方面：想象的丰富性、新颖性，思维的独创性与批判性，不受传统观念束缚，敢于破除迷信，敢于质疑，敢于创新。

（2）情绪品质方面：对创作充满热情，创作情绪稳定而持久，能够控制自己的激情。

（3）兴趣与动机方面：对创造有着强烈的好奇心与旺盛的求知欲，既有广泛兴趣又有中心兴趣。

（4）在意志品质方面：坚持不懈、百折不挠、有不达目的誓不罢休的精神。

（5）性格方面：勤奋、勇敢、自信、谦逊、谨慎，具有责任心、正义感与牺牲精神。

青年在智力与个性方面还有相当的可塑性。为了创造社会主义物质文明与精神文明的财富，青年要努力地培养创造性的心理品质。

21.2.2 自学能力

（1）自学能力的结构。

从事自学活动，完成自学活动，单单靠记忆力或思维是不够的，还需要几种能力的综合。从事自学活动所具有的几种能力的综合叫作自学能力。自学能力主要包括观察力、记忆力、思维能力、想象能力与操作能力等。自学能力表现在学习过程的各个方面。如，中小学学生预习课文，阅读课外读物；大学生查阅文献，搞调查研究；自学青年自修功课。

自学能力较高的人，一般具有下列的心理特点：

在观察力方面表现为观察准确、迅速、全面、深刻；在记忆力方面表现为记忆快、保持时间长、回忆准确；在思维能力方面表现为思维具有广泛性、灵活性、独立性与创造性的特点，能够独立解决问题；在想象力方面表现为想象的丰富性、深刻性与创造性；在操作能力方面表现为组织能力与动手能力比较强。

（2）怎样培养青年的自学能力，包括培养自学的信心，要有正确的自学动机，培养独立思考，培养意志的坚定性，培养稳定的情绪，培养自学方法。

21.3 青年的情绪与意志

21.3.1 青年情绪

青年的情绪比起少年儿童具有下列特点：

（1）情绪的丰富性。

（2）情感倾向的定型。

（3）情绪的强烈性。

（4）情绪的不稳定。

（5）情绪的心境化。

21.3.2 青年情绪与成才

情绪和情感在青年成才过程中起着重要的作用。对人民的热爱，对敌人的憎恨是青年在对敌斗争中创造丰功伟绩的力量源泉。在新的历史时期中，对我国社会主义现代化充满着激情，是鼓舞青年在新的长征中的重要推动力量。积极的情绪体验激励着青年创造性地进行探索和大胆地独创。列宁在强调情感的意义时指出："没有'人的感情'，就从来没有也不可能有人对于真理的追求。"

情绪状态即心境、激情、热情与人才的成长有很大的关系。

心态对青年的生活和成才都是有很大影响的。良好的心境促使人的积极性、主动性、创造性发挥，提高学习和工作效率。不良的心态使人心灰意懒、陷入消沉，降低学习和工作效率，阻碍人才成长。

激情是强烈的、暴风雨般的、短促的情绪状态，如狂欢、暴怒等。激情通常是由社会和个人生活中具有重要意义的事情所引起的。

积极的、健康的激情在人才成长中，特别是在诗人、运动员、英雄人物的成长中起着重要的作用。人在积极的激情下，在冷静的理智和坚强的意志力调控下，能够调动身心的巨大潜力，形成正确行动的巨大动力，克服艰险，攻克难关。

发挥积极激情的作用，有效控制消极激情是人才成功所需要的一个心理条件。热情是强有力、稳定而深刻的情感，它虽不如心境广泛，但较心境强烈、深刻而稳定；它不如激情强烈，但较激情深刻而持久。热情的社会价值决定于它所指向的对象的社会意义，为我国四个现代化而工作的热情具有重大的社会价值。

热情是一种具有巨大推动力的情感。对事业的热爱，对工作的迷恋，是智力表现和创造力发展的必要条件。古今中外人才成功的一个基本心理条件是热爱事业，爱至入迷。巴甫洛夫在《给青年们的一封信》中说：“第三是热情。切记，科学是需要人的毕生精力的。假如你们能有两次生命，这对你们来说也还是不够的。科学是需要人的高度紧张性和很大的热情的。希望大家在工作和探讨中都能热情澎湃。”英雄的业绩、科学艺术的成就、生产商的新纪录、工作的贡献都是热情的结晶。

21.3.3 青年情绪与情感的指导

（1）培养共产主义人生观。

（2）培养良好的情感品质。

（3）掌握自我调节情绪的心理学方法。

（4）锻炼体魄。

21.3.4 青年的意志

心理学认为意志是人在完成一种有目的活动时，所进行的选择、决定和执行的心理过程。

人的意志行动有三个特点：

第一个特点是有意识、有目的。一个人要对自己的行动目的有充分的认识，按照既定的目的去行动。意志行动是有意识的行动。

第二个特点是与克服困难有密切联系。意志行动既表现在克服内部困难，也表现在克服外部困难。在克服内部困难如疲倦、懒惰、分心等时，意志就是控制自己，支配自己，并自觉地调节自己行动的过程。在克服外部困难时，意志表现在对待工作中的困难，对待别人反对自己等。

第三个特点是以随意动作为基础的。人的行动是由动作组成的。动作分为不随意动作与随意动作。不随意动作是那些不由自主的活动，例如手碰到火，会马上缩回来。随意动作是受意识指引的，是在生活实践中学会的。人只有掌握了随意动作，才有可能顺利完成意志行动。

21.3.5 培养青年的意志

（1）树立共产主义世界观。

（2）积极培养无产阶级情感。

（3）要善于努力确定自己的目标。

（4）从小培养意志。

（5）从小事锻炼意志。

（6）坚持参加体育锻炼。

21.4 品德的心理结构

任何一种品德，即道德品质，都包含一定的道德认识、道德情感与道德行动三种基本的心理成分。这三种品德的基本心理成分之间是相互联系、相互促进的。缺少其中任何一个心理成分都不能形成完美的品德，只有这几种心理成分得以相应的发展时，品德才能形成。

一般说来，品德的基本心理成分的相互关系是这样的：道德认识是道德情感形成的基础，而道德情感又影响道德认识的倾向性。道德行动是在道德认识与道德情感的指导与影响下，通过一定的练习而形成的，同时道德行动一旦形成又可加强道德认识，巩固道德情感。

（1）道德认识。

道德认识指的是对是非、好坏、善恶的道德行为准则及其社会意义的认识。青少年的道德认识对于他们道德思想的形成起着重要的作用。青少年的道德情感是在道德认识的基础上产生的。青少年对道德行为准则的认识直接影响道德行为的选择。青少年的道德认识不同，其道德情感与道德行动也就不同。因此道德认识是品德的心理结构中的基本与重要的组成部分，是品德的心理结构的基础。

青少年的道德认识不是生来就有的，而是在后天的生活实践中逐步形成的。由于个人所处的家庭、学校与社会环境不尽相同，各人的认识水平存在差异，因此青少年的道德认识水平也是存在着差别的。

青少年道德认识过程是道德概念、道德信念与道德评价的形成过程。

道德概念是对社会道德现象的一般特征与本质特征的反映。青少年对道德知识的掌握通常是以道德概念的形式表现出来的。青少年道德概念的形成是经过感性认识发展到理性认识的过程，是在大量的道德表象的基础上，经过分析与综合，抽象与概括而形成的。青少年道德概念的掌握对他们道德认识的形成起着很重要的作用。青少年掌握了道德概念，就能够判断行动的是非，就能够揭示行动的本质，并且按照社会道德的准则去指导自己的行动。

道德信念是在道德概念的基础上形成的。它与道德情感和道德行动密切联系。道德信念是坚信道德观点的正确性，当青少年以道德概念成为行动的指南，就出现了道德信念，并且引起情绪上的体验。这种道德信念是推动青少年产生道德行动的强大动力，使青少年的道德行动表现出坚定性。因此道德信念在青少年道德品质的形成中起着联系作用，把道德认识、道德情感与道德行动贯穿起来。

道德评价是青少年应用已具有的道德概念对行动的是非与好坏进行评价的过程。道德评价是智力活动的过程。青少年的道德评价水平与他们已掌握的道德概念密切相关。道德评价在青少年的道德品质的形成与发展中起着重要的作用。道德评价使青少年自觉地调节与支配自己的行动，为行动定向，使青少年已有的道德知识成为自己的道德行动的心理力量。

（2）道德情感。

道德情感是人对自己与他人的道德行动所引起的内心体验。例如青年人会因自己做了助人为乐的事而感到满意，会因看到别人损人利己的行为而感到憎恨，这都是道德情感。道德情感内容极其丰富，包括责任感、义务感等。

道德情感是在道德认识基础上形成的，没有道德认识就没有道德情感。但是道德情感的形成又能强化道德认识。道德情感是推动青少年道德行动的强大的内驱力。青少年的高尚的道德情感常常激励他们为革命、为真理而英勇斗争，奋不顾身。道德情感具有自己的特点。道德情感是在社会实践中发生发展的，它有着鲜明的社会历史性。不同社会、不同阶级都有着自己的道德标准，不同社会不同阶级的青年，对人的行动准则有差异，有的甚至相互对立，其道德情感就有所差异。道德情感的表现是很复杂的，在不同活动领域中都能反映出来。例如，青年的责任感不仅表现在学习与工作上，也表现在恋爱与婚姻问题上。道德情感也有着两极化，如尊重与轻视，热爱与憎恨，同情与反感，亲近与疏远。道德情感还有其感染性的特点，即道德情感的情绪共鸣。

（3）道德行动。

青少年的道德面貌是在他们的言行、举止上表现出来的，并且是在他们实际行动中形成与发展的。道德行动是在道德认识与道德情感的基础上产生的，是道德品质的外在表现。把道德认识与道德情感发展为道德行动是需要道德行动训练的。道德行动训练主要包括道德行动方法的掌握，道德行动习惯的养成与道德意志的培养。仅仅停留在道德认识与道德情感，而没有转化为道德行动，道德品质则没有最后形成，因此道德行动的训练在青少年的品德形成中特别重要。

掌握道德行动方式是实现道德行动的必要条件。道德行动是通过一定的行动方式体现的，青少年对行动方式的掌握可根据具体情况采取多种形式。

青少年道德行动的实现不仅需要掌握道德行动的方式，还需要通过不断的练习，使他们的行动形成牢固的习惯，即使青少年的不常有的大的行动发展为稳定的道德行动。道德行动的习惯使青少年的道德行动定型化。青年人形成某种道德习惯，就会成为道德行动的动力，一旦这个道德习惯被破坏，就会产生不愉快的情感。

道德意志在道德行动的实现过程中也是很重要的。有的青少年有了道德认识与道德情感，但是道德意志不强，道德行动难以实现，或者实现了，但不能持之以恒。一般来说，青少年的道德意志过程主要经历决心、信心与恒心三个阶段。下决心是道德意志的第一个阶段。下了决心，还要树立信心，这是道德意志的第三个阶段。有了决心与信心还要持之以恒，这是道德意志的第三个阶段。

21.4.1 青年优良品德的心理内容

1）道德认识的心理内容

（1）正确的是非观念。

（2）高水平的自我道德认识。

（3）高尚的道德理想。

2）道德情感的心理内容

（1）责任感与义务感。

（2）事业感。

（3）自尊感。

（4）集体主义情感。

（5）爱国主义情感。

3）道德行动的心理内容

（1）道德行为的习惯。

（2）道德意志。

21.4.2 美育对青年心理的影响

美的对象很多，既包括现实美，又包括艺术美。现实美包括社会美与自然美。

社会美是指社会生活的美，如雷锋的崇高的无产阶级革命精神。自然美是指自然事物的美，如山水花鸟。艺术美是指艺术作品的美。文学艺术如小说；表演艺术如舞蹈；声乐艺术如音乐；造型艺术如绘画，都有着丰富多彩的美。

美育是通过现实美与艺术美培养青年的智力、良好个性与感受美、鉴赏美、创造美的才能的一种教育。美育的特点在于以情感活动为中介，通过潜移默化达到教育的目的。无论现实美还是艺术美，对青年的心理发展都能产生重要的、深远的影响。

（1）对青年人智力发展的作用。

无论现实美还是艺术美都能促进青年的感知觉的发展，特别是对训练青年视觉与听觉的感受与分化能力、青年的观察能力有着重要的意义。现实美与艺术美对青年的形象记忆与情绪记忆的发展有着重要的影响。一般来说，受过艺术教育或从事艺术工作的青年人，他们的形象记忆与情绪记忆的水平比其他青年的形象记忆与情绪记忆高。社会美与艺术美都能激发青年的想象力。艺术家创造鲜明而生动的艺术形象，对于发掘青年人的想象力有着特殊重要的作用。例如，青年读了李白的“君不见黄河之水天上来，奔流到海不复回”“飞流直下三千尺，疑是银河落九天”的名句，将使他们的想象展翅飞翔。艺术美与自然美都能使青年的思维尤其是具体形象思维受到锤炼。

（2）对青年人个性发展的作用。

现实美与艺术美对陶冶青年的情操，鼓舞青年的斗志，培养良好的道德品质都起着十分重要的作用。

美感是美的对象引起的情绪体验，无论现实美还是艺术美都能使人动情。艺术美更是触动青年人的感情，陶冶青年人的性情的重要手段。罗蒙诺索夫说：亲切的歌曲和音乐，能唤醒我们的灵魂和培养我们高尚的情感。艺术是以典型的形象激发人的情感，引起人的情绪反应。美感也是脑的机能。在情感的生理基础上，大脑皮层起着主导的作用，皮层下中枢起着重要的作用。调节自主神经系统与调节内脏活动的神经中枢位于大脑皮层下。因此情感能够引起表情动作（手势、身段表情、面部表情）的变化，引起内分泌变化和外部腺体（唾液腺、泪腺、汗腺）的变化。而语言是人对情感产生和人的情感反应的强有力的激发因素和表达方式。因此热情奔放的诗歌，振奋人心的演说，意味深长的画面，激越动听的乐声，刻画生活的戏剧，都能引起人们特别是青年人感情上的强烈共鸣，感人肺腑，动人心魄，甚至使青年人热泪盈眶，夜不能寐，对陶冶青年人的情操起着犹如春风化雨、潜移默化的作用。

自然美对青年的情操的陶冶也是很重要的。例如登上耸入云霄的高峰，使人想到奋发，面对波涛滚滚的江河，使人想到迎击。祖国美丽的锦绣山河，大自然的奇异美景，能够激发青年的爱国主义情感，促使他们更加热爱祖国，热爱生活。正如方志敏同志在《可爱的中国》中曾经指出："不但是雄伟的峨眉，妩媚的西湖，幽雅的雁荡，与夫'秀丽甲天下'的桂林山水，可以傲睨一世，令人称羡……这好像我们的母亲，她是一个天姿玉质的美人，她的身体的每一个部分，都有令人爱慕之美。"

美育对培养青年的广泛兴趣、好奇心、求知欲与气质也起促进作用。一位外国教育家曾经说过："美丽的城郊，馥郁的山谷，凹凸起伏的原野，蔷薇色的春天和金黄色的秋天，难道不是我们最好的教师吗？……我深信美丽的园景，在青年气质的发展上所具有的那种巨大的教育影响，对于教师的影响来说，是很难和它竞争的。"这位外国教育家的看法说明，自然美在陶冶青年的良好个性方面起着独特的作用。

（3）对青年道德品质的影响。

美育能够提高青年对真与假、善与恶、美与丑、进步与腐朽、崇高与卑鄙事物的识别能力，因此美育对培养青年的革命理想与共产主义道德品质也起着重要的作用。聂耳的《义勇军进行曲》、冼星海的《黄河大合唱》，曾经鼓舞一代青年的革命意志。这些革命歌曲对当时的青年走上革命的道路，起到了重要推动作用。中华人民共和国成立初期，《钢铁是怎样炼成的》《卓娅与舒拉的故事》等优秀文艺作品对当时青年的共产主义道德品质的形成起了很大作用。

（4）对青年艺术才能与正确的审美观点的作用。

艺术教育是培养青少年艺术才能的主要手段。各种艺术形式都能培养青年相适应的艺术才能。音乐才能主要是由曲调感、听觉表象能力与节奏感能力所组成。构成音乐才能的三种能力都是在音乐活动中形成与发展起来的。因此音乐是培养青年音乐才能的最基本手段。绘画才能由估计比例的能力、对亮度关系的估计能力、用眼寻找垂直方向和水平方向的精确性、空间想象力与视觉分析器同运动分析器的协调能力所组成。这些能力是在绘画的活动中逐步形成与发展的。因此绘画是培养青年绘画才能的基本手段。

美育对培养青年正确鉴赏美的能力、形成正确的审美趣味与审美观点都起着决定性的作用。青年具有正确的鉴赏美的能力，就能对事物的美与丑进行鉴别并能评价美与丑的程度。青年的无产阶级审美趣味与审美观点对他们革命理想的形成以及抵制资产阶级低级的、庸俗的艺术趣味的侵袭具有重大的意义。

美育是培养青年的艺术表现才能的基本途径。青年艺术表达能力的提高，会增强他们的审美感受能力。克鲁普斯卡娅很重视青年艺术才能的培养。她说："因为表达可以使思想定型，使感情深化。一个人在表达自己的思想感情时，本身也随着提高了。正如一个人在形成口头和书面语言的过程中能够更好地了解自己的思想一样，当他通过歌曲、舞蹈、面部表情来表达自己的感受时，他也能够更好地认识自己。"

21.4.3　青年审美感受的训练

审美感受是人对审美对象引起心理反应的复杂心理过程。审美感受不是生而有之，而是在后天的生活、实践中逐步发展起来的。审美感受中的心理因素主要包括感觉、知觉、表象、记忆、联想、情绪与思维等。认识审美感受中的心理过程，是培养与提高青年审美感受的基础。

（1）训练青年的感知觉。

审美感知过程是审美感受的开端。感觉是物质世界作用于人的感觉器官而产生的一种最简单的心理过程。感觉是审美感受的基础。审美感受是以审美对象的感觉为基础的，没有感觉，便没有审美感受。知觉是人脑对直接作用于人的感受器官的客观事物的各个部分和属性的整体以及事物相互之间的关系反映。感觉是知觉的成分，知觉是以感觉为基础的。知觉是整体地感受审美对象的基础。知觉一朵花是通过感觉花的颜色、形状、气味等各方面特点后才得以形成的花的整体。

培养青年的审美感受首先在于审美感知能力的训练。要注意保护青年感觉器官的正常功能，特别要注意保护视力、声带等。通过各种途径的训练，充分发展青年的感觉能力，辨别各种对象美的属性如颜色、形状、声音、气味的感知分化能力。在知觉能力的培养上要特别注意空间知觉的训练。空间知觉在审美感受中起着重要的作用。空间知觉是人对对象的大小、形状、立体和远近的知觉。空间知觉是通过多种感觉器官的协同活动实现的。

（2）丰富青年的联想和想象。

联想是审美过程中普遍存在的心理现象。人们往往由当前感知的事物而回忆起有关的另一事物，因想起某一事物而又想起另一事物，这都是联想。联想是在实践中人脑对客观事物的一种反映，客观事物是相互联系的，因此它们被反映到头脑中也能相互联系起来。心理学依据所反映的事物间的关系的不同，把联想分为接近联想、类比联想、对比联想等几种。

接近联想是空间或时间上相接近的事物，容易在人的经验中形成联想，因而易由一事物想到另一事物。接近联想反映事物在时间上、空间上的关系。唐朝张志和的“桃花流水鳜鱼肥”的诗句，是在时间上的接近。人们在怀念敬爱的周总理时的诗句，如，“天安门前花如海，纪念碑前遍地花”“松柏枝头花如雪，白玉栏杆泪万行”，则是在空间上的接近。

类比联想是对一事物的感知或回忆引起和它性质上相似的事物的回忆。类比联想反映事物间的相似性与共性。古今中外的著名诗人都擅长运用比喻以增加诗的效果。例如“云想衣裳花想容”就是类比联想的诗句。

对比联想是由某一事物的感知或回忆引起和它具有相反特点的事物的回忆，它反映事物间的对立性。

联想在审美感受中起着由此及彼、触类旁通的作用，使其对审美对象的感受丰富多彩，有声有色。

在审美感受过程中的移情作用，主要是一种联想特别是类比联想的心理过程。李白的“相看两不厌，只有敬亭山”，杜甫的“感时花溅泪，恨别鸟惊心”，“颠狂柳絮随风舞，轻薄桃花逐水流”，李商隐的“春蚕到死丝方尽，蜡炬成灰泪始干”，陆游的“无意苦争春，一任群芳妒”等诗句都是典型的移情佳句。移情作用就是自然景物在人看来具有了人的心理特色，如感情、意志、性格、行为等。移情现象的产生与人的心境有很大关系。由于心境不同，不同的人对同一审美对象的感受或同一人在不同时间对同一审美对象的感受，则不尽相同。

想象在审美感受中占有重要的地位，它使审美对象在审美者的头脑中产生了具体生动的形象。想象在审美过程中使审美者获得强烈与深刻的美感。青年人多观察，勤学习，不断地丰富自己的知识经验是丰富自己联想和想象的基础。青年人知识经验越丰富，在审美感受过程中就越易产生联想与想象，发生移情。知识贫乏与生活阅历浅薄的人，在审美感受中难以发生联想、想象与移情。

青年人具有革命的乐观主义精神，心境饱满、振奋，在审美感受过程中，联想想象与移情作用的心理倾向是健康的、向上的，受到鼓舞与激励。若是在消极抑郁的心境下，联想想象与移情作用的心理倾向往往是愁上加愁，心境更加恶化。

（3）培养青年对美的事物的情绪体验。

美感的特点在于美的情绪体验。情绪的丰富性在审美过程中是产生强烈的美感的重要条件，美育正是通过人的情绪与感情而发挥其独特的作用。艺术的特点不仅诉诸感知觉，更要诉诸情感。因此，艺术也要着重于具体形象的刻画和塑造，使人听而生感，见而顿悟，甚至不言而喻。

对青年人加强政治思想教育与理想教育，引导他们学习英雄人物的模范事迹，阅读优秀的文艺作品，培养青年对生活的热爱与对未来的向往，使他们感情健康、丰富、深刻。

（4）培养青年健康的思想感情。

思维是审美过程中重要的心理因素。当审美对象作用于人的感觉器官，使其形象反映到大脑，思维就伴随形象而活动着，使美感的心理过程顺利进行。思维把审美过程中的感知觉、联想与情绪等心理因素调动起来，并把它们组织成为一个统一的整体，完成审美的心理过程。在审美过程中表现出来的审美者的审美趣味与审美观点及思维的功能密不可分。审美者在审美过程中评价美，也主要是靠思维的作用而实现的。

不同的思想情感有着不同的审美趣味与审美观点。具有无产阶级思想感情的青年，其审美趣味表现为健康、向上。而受资产阶级思想意识影响较深的青年，在审美趣味上，往往表现为庸俗、没落。在艺术欣赏趣味上，追求色情、肉感、颓废与轻浮。

提高青年的政治思想水平，是保证他们形成无产阶级的审美观点与审美趣味，抵制资产阶级低级审美趣味侵袭的一种有效且重要的途径。

要引导青年在艺术欣赏的过程中，提高分辨真善美与假恶丑的能力，建立正确的审美观点与审美趣味，使他们情操高尚，朝气蓬勃，为祖国的四个现代化，创造光辉灿烂的美好未来。

22 老年心理学

众所周知的“夕阳无限好，只是近黄昏”的诗句，在笔者看来是具有消极倾向的，应改为“夕阳无限好，晚霞更生辉”“夕阳无限好，人间重晚晴”。我国已进入老龄化社会，养老事业极其重要，要防止和克服“重硬件、轻软件”，树立养老先养心的科学理念。

22.1 老年心理保健的黄金原则

淡泊宁静；形神并养，养神为主；预防为主；讲究心理卫生；情绪稳定；乐观。

中国传统文化，特别是传统医学，非常强调心理因素在健康与疾病中的重要作用，笔者曾经概括八个字，“病由心生，病由心灭”。说的是，不良的心理因素会引起人的身体疾病，或加重身体疾病的程度。良好的心理因素可以治疗身体疾病，或减轻身体疾病的程度，中国传统医学非常强调治未病，强调预防为主，也就是现在说的保健，就心理方面来讲，就是心理保健。

中国传统医学强调预防为主，这种思想是非常前卫的。二十世纪末，心理学加上一个心因性学科，称为健康心理学，它的核心思想之一是强调预防为主，即强调人的积极心理因素，例如，乐观、希望，用现在通俗的话来说，即强调心理的正能量在人的健康中的作用。

笔者觉得，目前党和国家高度重视养老事业，我们国家已经进入老龄化社会了，是世界上老龄人口最多的国家，因此，预防为主的方针，“治未病”的理念，心理保健极其重要，这个方面的工作做好了，不仅可以减少老年人疾病的发生，减轻老年人的疼痛，更主要的是，维护和促进老年人的健康，充分发挥老同志的正能量，用大家常用的话说是“发挥余热”。

因此，心理保健在养老事业中极其重要。笔者近年来也对一些养老机构进行了调查研究，笔者认为虽然心理保健已进入了养老事业，但还远远不够，无论从人力、财力、设备等方面与医疗方面相比相差都很大，要维护和促进老年人的身体健康与心理健康，既要有一些原则，还要有一些具体的方法。老年心理保健的秘诀如下。

22.1.1 淡泊宁静

“淡泊宁静”实际上是出自诸葛亮在他的《诫子书》的一句话：“非淡泊无以明志，非宁静无以致远。”这一名言不仅是为人处世的价值观，从健康心理学角度来看，也是心理保健的核心原则，甚至可以说是健康心理保健的首要原则。

著名作家冰心老人说：“我最喜欢诸葛亮说的‘非淡泊无以明志，非宁静无以致远’，所谓淡泊，我理解的就是一个人对物质生活不要过于奢求，过得勤俭朴素一些；宁静则是心里尽可能排除掉个人的杂念，少些私心。这样，人生在世，不为个人私利操劳所累，把自己的志向同革命事业融合在一起，他的心胸就会宏大起来，精神就会充实起来，心情自然就可以乐观，情绪自然就会昂奋。”冰心总结自己人生的经验，写下了养生的名言：“静心处世排干扰，心胸豁达莫烦恼；事因自主心常乐，人到无求品自高。”

老革命家、无产阶级革命家陶铸曾经说过：“心底无私天地宽。”这句话用在心理保健上也有极其重要的指导意义，说明一个人没有私心杂念，一心为公，一心为群众，他的心胸极其宽阔，心境非常宁静。看问题、想问题就会站得高、看得远。笔者认为，淡泊宁静是老年人心理保健的核心理念，老年人具有淡泊宁静的理念，就能充分调动人体的心理正能量，调动人体的免疫机制，使其活跃起来，对人的身心都有巨大的促进作用。

很多名人具有淡泊宁静的理念，即使到了晚年，也保持这种生活方式，所以他们尽管人到老年，但心理年龄很年轻。钱学森同志中年时期为中国的航天事业作出了不可磨灭的贡献，是两弹一星的功勋科学家，他退休后，还开辟思维科学、人体科学等多领域的研究，作出了重大贡献。

笔者对 117 名中国科学院院士的寿命进行统计分析。结果表明，117 人当中，寿命在百岁以上者 7 人，占总人数的 6%；寿命在 90~99 岁的 38 人，占 32.5%；81~89 岁的 32 人，占总人数的 27.4%；70~79 岁的 27 人，占总人数的 23.1%；60~69 岁的 11 人，占总人数的 9.4%；50~59 岁的 2 人，占总人数的 1.7%。统计结果表明，享年在 80 岁以上的 77 人，占总人数的 65.8%。

为什么院士组比普通百姓的长寿村组寿命高呢，院士组是一个特殊的集团，是脑力劳动工作者，他们的心理素质中的理智感素质特别高，他们的好奇心、求知欲、质疑精神、毅力同一般知识分子与体力劳动者相比差别甚大。他们之所以为国家、为民族作出重大历史贡献，其中一个非常重要的因素，是他们的心理素质特别好。他们把自己全身心的精力都集中到揭露人类认识的奥秘当中。笔者认为他们长寿的心理机制积极意识→大脑皮层积极优势兴奋灶→正向意念扩散→良性积极心态→内啡肽增多→免疫力提高→促进心理正能力和生理正能力的发挥→促进身心健康。笔者认为院士的积极意识的意守产生了多方面促进身心健康的作用。

第一，积极意识调动身心正能量的发挥。

第二，积极意识形成的优势兴奋灶排除和降低不良意识的杂念的干扰。

第三，长时间处于类气功的意守状态，产生类气功的意守效应。笔者认为类气功的心理效应主要表现在四个方面：思维活动单一化，杂念减少甚至消失。注意力集中而稳定。心平气和、情绪安宁、舒适惬意。对内环境的刺激减弱，甚至消失。

第四，积极的意识状态将伴随积极情绪。引起人体生理功能与心理功能的积极变化，提高人体免疫功能，产生重要的抗病和抗疼能力。

22.1.2 形神并养，养神为主

中国传统养生理论和实践都强调形神并养，养神为主。因为人的身体和心理不可分割，是一个完整的统一体，用现代人的语言来讲，既要维持和促进身体健康，又要维持和促进心理健康。一个健康的人必须具备身体健康与心理健康。只有身体健康，没有心理健康，不是健康的人；只有心理健康，没有身体健康，也不是一个健康的人。

身体健康与心理健康既相互联系、相互制约，又相互区别。中国传统养生理论与实践强调久病致郁，又强调久郁致病，长期抑郁也容易导致身体疾病。

中国传统养生理论与实践强调形神并养，但养神为主，强调调形先调神，养身先养心。中国古代医学家和养生家都强调养生莫如养性，这里的性就是指人的心理。情绪安定，健康长寿，中国唐代医学家王冰强调："太上养神，其次养形。"《中外卫生要旨》："养生家应以养心为主，心不病则身不病，身不病则人自宁。"古代养生家强调养神，与现代健康心理学强调养心、养生思想是一致的。

中国传统医学家与养生家提出了养生的很多种类，例如，守肾、调肾、练肾等。

笔者曾经在香港出版过一本书，书名就叫《心理主宰健康》，它包含两个方面的意思，一方面，强调心理对身体健康的重要意义，另一方面强调心理对心理健康的重要意义。这与古代医学家与养生家主张的"形神并养，养神为主"的学术思想是一脉相承的。

我们强调心理主宰健康，有非常重要的现实意义。就中国社会当前的实际情况来看，人们普遍重视身体健康，忽视心理健康，老年人也是如此，老年人

如果发高烧，子女肯定送到医院就诊。但是老年人如果几天闷闷不乐，很少有子女把他送到医院去就诊。

有一位老年人，特别讲究营养，除了山珍海味什么都不吃，钱没少花，但作用甚微。因为他脾气暴躁，点火就着。一到吃饭他就挑剔，要不说这个菜做咸了，要不说那个菜做淡了，要不说这饭太软了，要不说那个馒头做得太硬了。他在挑剔过程中，还大声地抨击他的夫人，因此，两人在家里经常吵架，既伤身体又伤心理。这位老先生主要是心理没有调整好，山珍海味也没给他带来健康，而且心态不好，容易导致消化不良，整天打嗝放屁。

笔者还认识一位老先生，老科学家，三顿饭都很清淡，以吃素为主，可以说是粗茶淡饭，但他心情很好，全心全意投入工作上，他九十岁时说，老骥伏枥。

著名心理学家潘菽九十高龄，整日奋笔疾书，他也是饮食清淡，脑筋用在事业上。他们的共同点：工作就是幸福。追求的不是物质的享受，获得的是精神的享受。

现代很多无产阶级革命家、科学家、教育家、艺术家，他们都以饱满的精神状态在晚年一心扑在事业上，真正做到了生命不息，工作不止。他们追求的是高层次的精神需求，为人类提供精神食粮。他们不讲究吃穿，全心全意、全力以赴地为人类献上精神食粮。

22.1.3 预防为主

养生预防为主是中国传统医学与养生学的光辉思想，至今还有重要的指导意义。无论是身体健康还是心理健康，都要强调以预防为主。从目前中国的医疗保健与养老事业的情况来看，都存在重视治疗、轻视预防的现象。我们的医疗存在过度医疗的现象，什么小病都吊个水，大夫愿意吊水，病人也要求大夫吊水。

就感冒而言，我们重视、预防不够。夏天很多人感冒，是因为没有做到以预防为主，晚上睡觉，开着空调，直吹身上，能不感冒吗？如果强调以预防为主，这些小毛病都是可以预防的。

要把心理健康的知识与方法普及每一个成年人和学生，特别是要普及老年人中，这是非常重要的。要把心理健康教育深入社区，深入老年人中，我们的养老事业才能得到蓬勃发展，才能起到花费少、效果好，老人少得病、老人少就医的作用。

就老人自己而言，不仅要讲究生理卫生，也要讲究心理卫生，不仅要做广播体操，促进身体健康，也要做心理健康操，促进心理健康。老年人从退休后就应该根据自己的实际情况制定一套符合自己情况的生理保健措施与心理保健措施。

一位老年妇女现在已经七十岁了，有很多人看到她本人，都说她很有风度，很有雅气，很有精神。其实笔者问过她，她说："我就是每天坚持做心理保健操，按摩身体促进身心健康的穴位，笑口常开，也就是这些简便易行的心理保健措施使身体也不错、精神也不错。"

身体保健往往需要花钱的，比如说买保健品、买医疗器械，而且效果并不是那么快。心理保健基本不需要花钱，而且运用得好，效果甚至立竿见影。笔者的一位老年朋友对笔者讲："我血压一高，头一晕，就马上做深呼吸，用意念来调整自己，使精神放松，血压自然就降下去了。"老先生还说，"人都有烦心的事，世界上有快乐就有烦恼，问题是你怎么对待烦心的事，如果有烦心的事，你心里很烦，就会烦上加烦，如果有烦心的事，你用平常心对待，从容包容烦心的事就会一扫而光。这不是唯心的，这是精神变为物质的表现。"

笔者个人认为，无论在家养老的老年人，还是在养老机构的老年人，都要把心理保健，精神调摄放在重要的地位上。这对老年人度过幸福快乐的晚年，具有极其重要的意义。

22.1.4 讲究心理卫生

为了身体健康，要讲究生理卫生，为了心理健康，要讲究心理卫生。对老年养老，既要重视生理卫生，也要重视心理卫生。从我国社会实际情况和中国的养老事业的实际情况来看，我们重视生理卫生，忽视心理卫生。例如，饭前洗手、便后洗手、不要随地吐痰，这些人人都知道。但是对心理卫生，很多人不知道是什么，也不知道要掌握什么知识。养老院里绝大部分的宣传在强调生理卫生，很少谈到心理卫生，老年人也知道，要注意卫生，他的注意卫生的含义就是生理卫生，要饭前洗手、睡前漱口等。很多老年人也不知道什么叫心理卫生，其实心理卫生包括的内容很多，如心理卫生的原则、心理卫生的方法等。

22.1.5 情绪稳定

情绪稳定是衡量人心理健康的首要标准。人是否心理健康，包括老年人是否心理健康，最首要的衡量标准就是情绪是否稳定。

一个老年人在十天之内情绪经常比较稳定，就是心理健康的表现。一个老年人在十天之内情绪经常不稳定，忽高忽低、忽冷忽热，就是心理不健康的表现。这是老年人自我初步判断自己是否心理健康首要、简便、灵敏的指标。

用情绪是否稳定来衡量老年人心理健康就如同用温度计来测量体温一样。不要把心理健康看得太抽象、太神秘，心理健康与否是存在于每一个老年人的日常生活中的。

情绪稳定是人的心理健康的核心要素。只有情绪稳定，人的身体的生理功能与心理功能才能处于均衡的运行状态之中，情绪不稳定，人的正常的生理运行与心理运行就会被破坏，人的各种生理功能和心理功能就会失调。一个人心平气和，就容易和各种人搞好人际关系，就会在和与自己有矛盾、有纠葛的人的交往中力求求同存异。脾气暴躁，一点就着的人，他就不容易和人搞好关系，一有不同意见就拍桌子、摔杯子甚至破口大骂，不仅破坏了人际关系，也会伤害自己的心理健康。

老年人经常做心理保健操之类的活动，有助于心态平和、情绪稳定、心平气和、宽以待人。例如，王极盛的健美幸福操，其中一个重要作用就是使人情绪稳定。经常练，使双手经常处于同时操作的动作，大脑两半球协调活动，就能使人的情绪稳定、平衡。

笔者再介绍一个大家经常使用的但是很多人不知道机理的心理保健和生理保健的方法。很多老同志手里抓着核桃或者铁球，一个同样速度方向的转动，也会促进大脑两半球的协调。这都是简便易行、行之有效的办法，所以老年同志不要把心理健康、心理卫生看得很玄妙。

老年人做到心平气和、情绪稳定，非常有效的一个方法是学会忍耐。人只要学会忍耐，就会与很多人交往成功，甚至成为好朋友。人际关系好，是人心理健康的计量。忍耐的程度多少，意味着人的包容度大小，中国有句俗话，“宰相肚里能撑船”，就表示宰相的宽容大度。

周恩来同志是中华人民共和国成立后首任总理，他包容度非常大，忍耐度非常高，在错综复杂的、极其危险的环境中能顺利地、平衡地处理好各种国内与国际矛盾。有很多原因，其中一个重要原因就是他学会了忍耐，包容度高。包容度的高低也是衡量人的心理品质的一个重要指标。周恩来同志直到晚年，和各种人都能处理好人际关系，这不仅是处理人际关系的技巧问题，还是他的智慧高超与人格魅力的表现。包容首先是尊重别人，这是基本前提，周恩来同志无论是对级别比他高的人还是级别比他低的人，无论是对工人农民还是高官，无论是对普通工农群众还是社会名流，在人格上都是平等的，他都是尊重别人的，因此也受到了别人的尊重。所以老年人养生一定要学会包容。包容使人冷静，可以正确处理各种矛盾，并在处理人际关系成功中获得喜悦感。

22.1.6 乐观

乐观是人的一种良好的心理品质，具有乐观的老年人会以积极的心态、积极的态度、积极的思维、积极的眼光分析自己老年的处境和希望。他会正确对待老年人的状态，也会以积极的方法挖掘自己的潜力。发挥余热，服务社会以获得成就感和幸福感。

因此，乐观是老年心理保健的重要组成要素之一。一个悲观的老年人和一个乐观的老年人尽管两个人的情况大体相同，但是因为他们对待老年的身体情况、精神情况、自己的前途、人和人之间的关系不同，得出的人际评价差别很大，甚至截然相反。

笔者遇到过两个老年人，在一个单位工作，现在都退休在家。具有悲观色彩的老年人整天说，混吃等死，过一天算一天。而具有乐观色彩的老年人则认为，我们是人生的顶峰时期，因为我们工作了几十年，拥有丰富的工作经验与生活经验，我们把这些经验集合起来发挥它的正能量，避免负能量的影响，就会活得更有意义、更充实、更有价值。

所以说，老年人的乐观心态对老年人的身心健康、老年人对事物的认知评价及老年人的潜能特别是心理潜能的发挥有着极其重要的作用。乐观精神是对待老年病的最好良药。老年人普遍都有不同种类的老年病，对于积极乐观的老年人，这些都是正常的。疾病和健康总是矛盾的统一体，不断在进行斗争，老年人应该发挥正能量，去减少和消除负能量对人体的危害。对于悲观主义的老年人，老年病是不可逆的，身体只能一天一天坏下去，生活质量也随之一天一天坏下去，乐观与悲观主义者对身体疾病的看法截然相反。后果也是不同的，乐观主义者往往能战胜疾病或延缓疾病的发展，保持正常的生活质量，过着有意义、有价值的生活。悲观主义者则整天忧心忡忡，担忧天塌下来，导致生活质量降低，一直过着痛苦的生活。

北京八一湖公园小湖畔幽静的树林里经常看到人们围着一位老人问这问那。老人虽然年近古稀，但精神矍铄，两眼炯炯有神，说话铿锵有力，热心地回答人们提出的一个一个的问题，这位老人被誉为“抗癌明星”。

北京八一湖抗癌乐园，流行一句风趣的话，“抗癌三年是勇士，五年是英雄，十年是明星”。既然是明星，抗癌一定有十年以上。高文彬同志确实抗癌十年以上，他以革命乐观主义的精神对待疾病。高文彬同志曾经说：“在我开胸探查之后，据专家判断存活期不超过一年，而当我存活一年以后，医生高兴地说‘不简单’。第二年又说‘真不简单’。到了第三年以后，则说‘真是奇迹’，到了四年以后，最熟悉我情况的医生们都异口同声地说‘这是出乎我们意料之外的’。”

高文彬同志以革命的乐观主义精神对待癌症，又脚踏实地地接受各种治疗，战胜癌魔，可见人的精神力量抗癌的威力。笔者曾经总结患癌者与癌症斗争的共同之处：第一，精神上压倒癌症，而不是被癌症所压倒。第二，他们共同认为，癌症不等于死亡。第三，他们不仅精神上有战胜癌症的勇气和决心，而且在行动上也坚持不懈地与癌症斗争。第四，他们采用现代已有的治癌手段，如手术、化疗、放疗、食物疗法等，他们成功的首位因素是乐观的精神。

22.2 老年人 4 种简易心态调节方法

22.2.1 看早晨八九点钟的太阳

老年人每天看早晨八九点钟的太阳，这也是调整心态一个很有效的方法。早晨八九点钟的太阳和中午、傍晚的太阳给人的感受不尽相同。八九点钟的太阳是朝气蓬勃、积极向上、充满光明希望、生机活力的。老年人由于年老体衰，本来就会具有暮气，而早上八九点的太阳会把你的暮气一扫而光，焕发老年人的青春情怀，这是一种快速、有效调节老年人心态的方法。

老年人每天观看早晨八九点的太阳，会给老人带来良好的心境，为生活涂上一层崭新的、鲜明的、充满希望的彩色。这种心境将影响老年人一天的生活，使他心中充满希望、充满喜悦，使他看人看事带着向上的、光明的彩色。具有浓厚暮气的老年人，他听见鸟叫感觉很烦，听见孩子哭也很烦，他看了早晨八九点的太阳，就会使他的心绪带上快乐的彩色。他再听鸟叫，会觉得鸟儿在唱歌；他再听孩子哭，会觉得孩子在成长。

22.2.2 每天逗孩子玩

老年人容易产生孤独、寂寞的感觉。有时候，成年人甚至子女不愿意与老年人长时间沟通。老年人和自己的小孙子、小孙女，和邻居的小孩儿逗着玩，他的心情就完全不一样了。孩子天真无邪，童言无忌和丰富可爱的表情会通过心理的感染机制使老年人的情绪年轻化、“童心化”。

有一位老奶奶跟我说：“我一个人在家，儿子儿媳妇都上班了，一天不说话，真憋得慌。小孙女也上了幼儿园了，我也没有跟她说话的机会。我每天最高兴的时刻是下午五点多钟，我的小孙女从幼儿园回来，先喊一声，奶奶！然后扑在我的怀里头，贴我的脸，我浑身充满了亲情的温暖。孩子的天真、活泼的感情感染了我。我顿时感觉我也年轻了，我感觉这种亲情是人间最美好的情感，使我全身充满了激情与活力，一天的寂寞、孤单的情绪一扫而光，整个晚上我都过得很快乐。”这位老奶奶的感受是有相当的代表性的。

我们现在经常讨论隔代教育的问题，我认为隔代教育有利有弊。无论怎么讨论，从中国国情来看，隔代教育现在存在，五年后存在，十年后存在，二十年后还会存在。

笔者认为，目前中国幼儿园的费用很高，每月上千块钱是很普遍的事情，北京有的所谓国际幼儿园，一个月几万块钱，一般家庭负担不了。

如果爷爷奶奶身体还好，在三岁之前，孩子不必上托儿所，可以由爷爷奶奶照顾，不仅可以保证孩子的安全和健康，而且孙子孙女在家里头就是家庭快乐、幸福的调节器，给爷爷奶奶带来无尽的亲情和温暖。老年人多与小孩儿交往，多逗孩子玩，多跟孩子交流，是一种有效调节老年人心态的方法。

22.2.3 多与好友聊天

寂寞、孤单是老年人常见的心理问题，老年人经常和好友一起聊天，无话不谈，对抒发心情大有益处。中国有句俗话，“酒逢知己千杯少，话不投机半句多”。老年人相互聊天，要找你的好友、密友，尽情抒发自己的情感，有什么苦闷的事儿也可以毫无顾忌地抒发出来，有什么需要帮助的事情也可以无所顾忌地讲出来，有什么喜悦的事也可以尽情与老友分享。

笔者几十年的心理学研究得出一条经验，把心中的苦闷压抑不满的消极情绪说出来、道出来，是自我调整心态成功的一半。

有不少老年人心里不满，对别人有成见，始终憋在心里，越憋越难受，憋出火爆的脾气，这是他长期压抑在心中的不满、愤怒的外泄。因此老年人有什么心事、有什么不愉快的事情，有什么看法，要及时、大胆说出来，这是自我调节心态的一种非常重要的、也容易被忽视的心理调节方法。

问题是，心中积蓄了不良的情绪的老年人无处找人抒发，无处找人交流，这也是很痛苦的事。笔者建议，老年人一定要有几个知己朋友，人生有一知己足矣，可以做到无话不说、无话不谈。如果有几个志趣相投的异性朋友，对抒发、发泄不满的情绪、消极的情绪，以及心理调节能起很大作用。

与好友当面交流、聊天是一种很好的老年人调整心态的方法，如果老年人没有知心的朋友，或者身体不便，可以通过手机聊天，面对面的聊天比电话效果好，如果不会视频聊天，可以用电话聊天。这也有比较好的效果。一般来说，用打字的方式聊天效果比视频和电话聊天效果差。因为视频聊天、电话聊天是连续性进行的，打字的方式聊天是断续进行的，老年人的动作很慢，容易使情节中断和脱落，所以建议老年人跟好友聊天最好面对面进行，其次是视频和电话，下策是微信和短信。

22.2.4 养眼调心法

眼睛是人接收外界信息最重要的器官。我们获取的信息大多通过视觉接收而来。眼睛可以看到世界的五光十色，可以搜集到各种各样的事物的信息。

所谓养眼调心法，就是眼睛接收使人快乐、使人兴奋、使人振奋的信息。从而促进人的情绪愉快，有助于调整心态。下面介绍4种养眼调心法。

第一种方法是颜色调心法。大自然的各种彩色使人产生各种感觉，不同的颜色使人产生不同的情绪，从而引起人的情绪和心境变化。积极的心境可以陶冶人的情操。

心理学家对颜色、对人的心态与人的心理健康进行了研究，心理学家的研究结果表明，在一般情况下，红色能使人快乐、充满热情、情绪热烈饱满、激发爱的情感。黄色能使人产生快乐、明亮、充满喜悦之情。绿色能使人心里恬静、安定和平和。蓝色能使人产生安静、凉爽、舒适之感，使人心胸开阔。白色能使人产生素雅、纯洁、轻快之感。灰色能使人产生郁闷、空虚之感。黑色能使人产生庄严、沮丧和悲哀之感。

大千世界的各种颜色通过人的视觉接收后给人的情绪带来一定的感受，使人的心理活动发生变化。

老年人可以利用不同的颜色使人的情绪产生不同变化的规律，充分利用使人情绪安定、平和、热情饱满的颜色的感受，避免消沉、低落的颜色产生的不利影响。例如，在情绪低沉的时候，常看红色、黄色的东西，有助于改变压抑、沉闷的情绪，使人产生明亮、兴奋、饱满的情绪。在老年人处于高度兴奋状态时，看看蓝色的东西可以使人的心境平静下来，看看绿色的东西，可以缓和人的紧张情绪。也可以充分利用不同的颜色使人产生不同的情绪感受这一规律，在家庭环境布置上，充分予以利用。比如患有高血压的老年人家中的墙壁应涂白色、浅蓝色、浅绿色、淡黄色，以使老年人情绪舒适、镇定，有利于老年人心态的调节和健康的恢复。

第二种方法是通过绿化来调整心态。老年人在日常生活中，经常到庭院花卉、草坪旁散步，在绿树成荫的大道上行走，在风景秀丽而幽静的公园里游玩，往往心旷神怡，忘掉烦恼，精神振奋，消除疲劳。老年人生活在绿色的世界中，可以感受到绿色象征着春天、象征着青春、象征着幸福、象征着生命。

绿化创造优美而舒适的环境，调整老年人的心态，有助于老年人身心健康，老年人摘花种树可以培养老年人的情操，使老年人获得美的享受。

柳树在我国古代各地都有广泛的种植，白居易在《隋堤柳》诗曰："大业年中炀天子，种柳成行夹流水。西自黄河东至淮，绿阴一千三百里。"柳树是风景树，中国有句俗话：大树底下好乘凉，夏日炎炎，林内清凉，老年人在绿树成荫下享受消暑乘凉的愉快，风送幽香，馥郁醉人，是老年人调整心态的好地方。

第三种方法是欣赏花。花是大自然美的精华，不仅能美化人们的生活，而且能调节人的心态。我国唐代诗人白居易以"家家习为俗，人人迷不悟"，反映了唐代人爱花买花的盛景。当代诗人郭沫若关于花的诗句更是多得很："春花一片深如海，千树万树迎春来，花从树上纷纷下，人从花中纷纷来。"郭沫若同志著有百花齐放的诗集。

春花争艳是大自然赋予人类的最好的心理治疗手段，最妙的心理卫生方法之一。春天桃红柳绿，人们心情舒畅，置身在桃林花海中，人们会有恍若进入了桃源仙境的美妙的感觉。清明以后，玉兰开出朵朵的白毛花瓣，亭亭玉立，芳雅似兰，使人产生积极进取的思绪。春天增进人们的健康，因此人们往往怀春与惜花。千姿百态，艳丽娇美，灿烂耀眼，各色迷人的花能使人的心情愉快，精神饱满，充满活力和生机，对老年人不愧是一种调整心态的良方。

一年四季皆有花。不同季节的花通过联想、想象、情绪等心理机制对人的心理作用与触发创造力作用各有特色。春天，桃红柳绿，百花吐艳，万紫千红，使人充满活力，生机勃勃，有助于增强人们创造的敏感性、创新意识与创造的进取心。夏天，绿树成荫，一池荷花，风送幽香，沁人心脾，对调节炎热造成的心情烦躁、思路狭窄、思维连贯性降低颇有益处。秋天，"战地黄花分外香"的菊花，"霜叶红于二月花"的枫香，使人心情充实，情绪饱满，增强科技工作者的成就感。冬天，松竹昂然挺立，蜡梅含苞待放，使人性情坚毅，激励科技工作者勇于克服创造所遇到的困难，增强创造成功的信心和决心。

第四种方法是室内环境养眼调心法。老年人天长日久，家里积累的东西很多，锅碗瓢盆，各种衣服，各种家具，各种使用过的东西，随意放置，杂乱无章，容易使人产生压抑、烦闷、焦躁的情绪。因此建议老年人抽出一定的时间把家里的东西放得整齐有序，心情也会随之舒畅起来，找起东西来也得心应手。老年人常用的药物一定要放在显眼的位置，一旦身体不适，能迅速拿到药从而得到救治与缓解。否则，一旦出现紧急情况，本来手脚就慢，慌张中找不到该吃的药，就容易使血压上升，心情不愉快。

老年人还可以在家里的有限空间内适当地养养花，也颇有调整心态的益处，有言道："室雅何须大，花香不在多。"老年人可以在有限的空间内摆设自己最喜欢的花，一看就高兴，一看就能调整心态。但要注意有些花不宜在家里养，例如夜丁香不宜放在屋内，它的香气过浓，久闻会使人头晕。此外，晚香玉、含羞草、紫丁香等花香会伤害喉咙，甚至可能使老年人的嗓子暂时变哑，也不宜放在屋内。

22.3 常见的老年病的自我心理调适

22.3.1 高血压病患者的自我心理调适

（1）减轻愤怒情绪。

（2）适当地释怀。

（3）改变认知评价。

（4）学会采取过强刺激的应急措施。

（5）自我暗示法。

（6）适当改变某些兴趣爱好。

22.3.2 冠心病患者的自我心理调适

（1）改变 A 型性格。

（2）知足常乐。

（3）避免情绪过于激动。

22.3.3 消化性溃疡患者的自我心理调适

（1）建立良好的饮食心理环境。

（2）改变不良的饮食习惯和嗜好。

（3）建立良好的进餐情绪模式。

（4）减少压抑情绪。

（5）积极寻求社会支持。

22.3.4　糖尿病患者的自我心理调适

（1）克服悲观情绪。

（2）树立与糖尿病做斗争的信心。

（3）尽量避免心理刺激。

（4）提高对饮食的监控意识。

22.3.5　脑血管患者的自我心理调适

（1）保持镇定的情绪。

（2）长期作战的意识。

（3）战胜悲观情绪。

22.3.6　肥胖症患者的自我心理调适

（1）提高控制饮食的监控能力。

（2）改变不良饮食的习惯和嗜好。

（3）建立良好的饮食心理行为模式。

（4）建立正确的形体优美观。

22.3.7　支气管哮喘患者的自我心理调适

（1）培养自主人格。

（2）积极尝试新事物。

（3）改善人际关系。

22.3.8　皮肤瘙痒症、荨麻疹、神经性皮炎患者的自我心理调适

（1）力求情绪稳定。

（2）转移注意力。

（3）疏导压抑的情绪。

（4）改变饮食习惯。

22.3.9　心因性牙痛患者的自我心理调适

（1）转移注意力。

（2）防止生气、焦虑。

（3）自我暗示。

22.3.10 痛经患者的自我心理调适

（1）树立关于月经的正确观念。

（2）保持月经期的稳定情绪。

（3）尽量避免接受负性暗示。

（4）月经期参加愉快的活动。

（5）改易心志，用药维持。

Part 6
管理心理学·人事心理学

23 管理心理学

管理是人类活动的特殊性领域，管理内容可分为物的管理与人的管理两个方面。以企业管理为例，物的管理，是管理劳动的工具和劳动过程等。人的管理是人对人的管理。无论对物的管理还是对人的管理，都涉及心理学问题。在物的管理中涉及的心理学问题是人和机器的关系。心理学把人和机器当作一个系统进行研究。采取最优方法，使机器适应人的心理、生理特点，提高劳动生产率，这主要属于工程心理学研究的内容。在人的管理中涉及的心理学问题，是人与人关系问题，心理学把人与人当作一个系统进行研究，采用心理学的科学理论与方法对人的心理进行科学分析，正确预测人的行为，调动人的积极性与创造性达到提高劳动生产率的目的，这主要属于管理心理学的研究内容。

管理心理学的研究内容可分三个方面，个体心理、群体心理与组织心理问题。

个体心理研究内容包括人的需要与动机产生的特点，激励个人积极性发挥的途径，知觉及其对行为的影响，态度及其对行为的影响。员工的心理测验，员工的考核与奖励的心理学问题，员工的心理卫生等。

群体心理研究的内容包括人与人之间的人际关系、团体心理、意见沟通、个人与群体的关系、群体的士气与群体的风尚、群体间的斗争与冲突等。

组织心理研究包括组织中的领导行为与组织结构对行为的影响、组织内外环境对心理的影响等。

23.1 个性、态度与管理

23.1.1 个性的基本特点

它包括个性的稳定性、个性的整体性与个性的倾向性。

个性倾向性包括需要、兴趣、信念、理想与世界观。

23.1.2 个性的心理结构

个性的心理结构是极其复杂的，它由多层次多水平组成。个性倾向性是决定一个人对事物的态度和行动选择的诱因系统。个性倾向性主要包括需要、动机、兴趣、理想、信念和世界观等。个性倾向性是个性结构中最活跃的因素，是人的心理活动的动力系统。世界观的个性倾向性属于最高层次，决定了一个人的总的心理倾向，对其他心理活动起调节与制约作用。

个性心理特征包括人的气质、性格等，管理工作者研究个性心理特征，对于了解员工的思想动态、工作实际，提高他们的思想觉悟，增强责任感，发挥积极性等都是有益的。

23.1.3 态度的特性

态度是人对人、对事物的心理倾向，对人、对事物的认识，善恶与反应倾向。态度包括认知因素、情感因素与行动因素，态度的三种成分相互区别，又相互联系。认知成分是态度的基础，情感成分是态度的核心，反应倾向是态度的外观。

态度有以下特性：

（1）态度的社会性。

（2）态度具有特殊的对象。

（3）态度的协调性。

（4）态度的持续性。

（5）态度是一种内在的心理结构。

（6）态度的价值性。

23.1.4 态度的测量

（1）行为观察法。

（2）面谈法。

（3）生理反应法。

（4）问卷量表法。

（5）自由表达法。

23.2 团体心理

团体是组织内的一群人，各成员相互依存，在心理上彼此意识到对方，在行动上相互作用，为达到某种目标而结合起来。

23.2.1 团体作用

（1）完成组织任务。

（2）满足员工心理需要。

23.2.2 非正式团体

（1）非正式团体的特点。

第一，很强的凝聚力。第二，心理协调性。第三，团体对成员有一定影响。第四，自然形成领导人物。第五，信息沟通灵活。第六，成员的重叠性。

（2）非正式团体形成原因。

第一，某种利益或观点的一致性。第二，兴趣爱好的形成。第三，工作与生活方式因素。第四，亲朋好友。

23.2.3 非正式团体的作用

（1）加强意见沟通。

（2）安定作用。

（3）获得心理满足。

（4）舆论作用。

（5）解决困难。

（6）教育作用。

23.2.4 非正式团体消极作用

（1）抵触情绪。

（2）影响工作效率。

（3）传播谣言。

23.2.5　团体对个体行为的影响

（1）社会助长作用。

（2）社会标准化倾向。

（3）社会顾虑倾向。

（4）社会从众行为。

23.2.6　影响团体士气的因素

（1）领导者的精神状态及领导方式。

（2）工作条件与环境。

（3）合理的经济报酬。

（4）成员之间的心灵相通。

（5）员工对工作的满意度。

（6）鼓励交往与参与管理。

（7）员工的身心健康。

23.2.7　影响人际关系建立的因素

（1）距离远近。

（2）交往频率。

（3）态度的相似性。

（4）需要的互补。

（5）兴趣爱好的一致。

24　人事心理学

人事心理学研究的内容很广泛。根据我国国情与人事工作的实际情况，人事心理学研究主要包括：人事管理的心理学问题；人事工作者自身的心理学问题；人际交往与人际关系；人员的智力开发；调动积极性的心理学问题；思想政治工作的心理学问题；人事制度改革的心理学问题。

24.1 人事管理的心理学问题

人事管理的心理学问题是人事心理学的主要组成部分，是人事心理学的基础。它包括人员的选拔、使用、培训、考核、奖惩、保护、流动及退休离休的心理问题。

（1）人员选拔。

研究人员识别的基本观点，人员选拔的标准与条件，探讨人员选拔的心理学方法，对于科学选拔人员与发现人才有十分重要的意义。

（2）人员使用与培训。

人员使用是人事管理的中心环节，人员培训是为了更好使用人员。研究个体的心理学差异、人员使用的心理学原则与人员培养的心理内容，有助于合理使用人员，有助于量才使用，人尽其才，充分发挥人员的心理优势，提高工作效率。

（3）人员考核。

人员考核为人员选拔、使用与培训、奖惩、升降提供科学依据。人员考核的心理学研究，为人事考核提供科学的心理学原则与科学的心理考核方法，对提高人员考核的科学性、标准化与定量化有重要意义。

（4）人员奖惩。

研究奖励与惩罚的条件，探讨奖励的心理学原则与惩罚的心理学原则，对于提高奖惩的思想性、政策性、科学性有很大的作用。

（5）人员保护与流动。

从心理学角度研究人员保护有助于提高人员的心理安全感，维护与增强人员的心理健康。从心理学角度研究人才流动，阐明人才流动的心理学意义，有助于促进人才的合理流动，调整社会的智力结构。

（6）人员的退休离休。

干部退休离休制度的实现是我国人事制度的重大改革，它体现了党和国家对老同志的关怀与爱护。干部退休离休后进入了一个新的人生阶段。研究退休离休制度的心理学意义、保证退休离休制度实施的心理学政策、干部对于退休离休的心理反应、干部退休离休后的智力因素与非智力因素的状况、干部退休离休后的心理健康状况，都是摆在我们面前的重要课题。加强退休离休老同志的心理学问题的研究，对于充分发挥老同志的余热与他们的指导和顾问作用，以及加强他们的身体健康是十分重要的。

24.2 人事心理学研究的主要内容

（1）人事工作者自身的心理学问题。

人事工作者自身的心理学问题包括人事工作者的智力因素与非智力因素、组织管理方面的心理品质、人际关系、用人方面的心理品质与品德方面的心理品质以及心理健康等内容。人事工作者自身的心理学研究对于提高人事工作者的心理素质和心理健康水平，加强人事工作者自身的建设，提高人事工作效率是十分重要的。

（2）人际交往与人际关系。

人事工作者的工作对象既包括个体也包括群体，因此人际交往与人际关系是人事心理学研究不可缺少的一个部分。

研究人际交往和人际关系的作用、人际交往艺术的心理效应、建立与发展人际关系的基本条件和心理方法以及代际关系等问题，是人事心理学研究的重要内容。

我们是社会主义国家，同志之间的关系是平等的、友好的，这为处理好人际关系提供了社会制度的保障。

人际交往结成人际关系。人际关系对工作效率、集体团结与身心健康都有很大影响。

（3）人员的智力开发。

这里是各类员工从事各种工作最基本的心理条件。智力开发包括智力提高与智力使用两个方面的问题。智力提高主要靠教育与培训，智力开发主要靠科学的人事管理。

探讨个体的与集体的智力结构，用其所长，避其所短，取得良好的智力效应十分重要。

探讨智力形成、智力差异、智力与知识的关系以及智力开发等问题，对于采用心理学的科学方法认识智力、开发智力也是大有益处的。

（4）调动积极性的心理学问题。

人的需要产生动机，动机支配人的行为。有效地激发人的动机，就能调动人的积极性。

需要、动机与激励是人事心理学研究调动人员积极性的重要问题。了解人员的需要，在力所能及的条件下，满足他们正当的、合理的需要；贯彻激励的心理原则，采取多种激励方式，激发人员的正确动机，才能充分调动与发挥人员的积极性，为社会创造更多的物质财富和精神财富。

（5）思想政治工作的心理学问题。

思想政治工作是一门科学。它的任务是探讨人的思想与行为规律，解决人们的思想问题与认识问题，提高人的共产主义觉悟，充分调动与发挥人的积极性与创造性，为实现新时期党的总任务而奋斗。而心理学也主要是研究人的科学，它研究人的心理现象的规律。因此，我们认为科学的心理学是思想政治工作的科学基础之一。

（6）人事制度改革的心理学问题。

为了适应社会主义建设以及经济体制与政治体制等改革的需要，我国的人事制度也需要改革。人们的心理对改革产生影响，改革给人的心理带来变化。研究改革的心理准备与心理状态，为加强改革做准备，使改革顺利进行很有意义。

人事制度改革的一个重要心理学问题是建立人才广泛性观念、科技管理人才观念、“官”“家”并重观念，掌握选才之德，所有这些都是我国现代人才观的重要内容。

破除重官不重家心理、能上不能下心理、非党员不能当领导的传统心理、论资排辈心理、任人唯亲心理、求全责备心理、忌妒心理、唯文凭心理、人才单位所有制心理等思想观念，对促进人事制度改革十分重要。

不能把人事工作仅仅理解为是人事部门的事（当然他们的工作是人事工作的重要部分），从某种意义上说，党、政、军单位，事业与企业部门所做的工作都与人事工作有密切关系，即都包含人事工作内容。因此各级领导工作者、党政工作者、组织工作者、管理工作者学习与研究人事心理学，对于做好人事工作与调动员工的积极性都有益处。